铀浓缩技术系列丛书

铀浓缩化工技术

丛书主编　钟宏亮
丛书副主编　马文革　陈聚才
主　　编　陈贵鑫
副 主 编　闫汉洋　罗仁东　肖建华

中国原子能出版社

图书在版编目（CIP）数据

铀浓缩化工技术 / 钟宏亮主编. —北京：
中国原子能出版社，2021.12
ISBN 978-7-5221-1769-0

Ⅰ. ①铀…　Ⅱ. ①钟…　Ⅲ. ①铀浓缩物–化工生产
Ⅳ. ①TL212.3

中国版本图书馆 CIP 数据核字（2021）第 256463 号

内 容 简 介

本书是第一本有关离心法生产浓缩铀的技术丛书。这本书主要针对离心法生产浓缩铀过程中涉及到的铀化工相关技术与工艺。本书涵盖了铀浓缩行业相关的容器清洗、含铀含氟废水处理、金属铀的制备等系统及其工艺全过程，全面系统地详述了与之相关的生产设备、分析监测、铀浓缩工厂三废的处置安全与控制、离心机级联清洗以及退役处理等工程技术内容，结合现役铀浓缩厂实际，相关技术在铀浓缩工厂中的应用以及未来发展的趋势。

铀浓缩化工技术

出版发行	中国原子能出版社（北京市海淀区阜成路 43 号　100048）
责任编辑	刘　岩
装帧设计	崔　彤
责任校对	冯莲凤
责任印制	赵　明
印　　刷	保定市中画美凯印刷有限公司
经　　销	全国新华书店
开　　本	787 mm×1092 mm　1/16
印　　张	10.125
字　　数	253 千字
版　　次	2021 年 12 月第 1 版　2021 年 12 月第 1 次印刷
书　　号	ISBN 978-7-5221-1769-0　　**定　价　65.00 元**

网址：**http://www.aep.com.cn**　　E-mail：**atomep123@126.com**
发行电话：**010-68452845**

#《铀浓缩技术系列丛书》

编 委 会

《铀浓缩化工技术》

编 审 人 员

主　　编：陈贵鑫

副 主 编：闫汉洋　罗仁东　肖建华

编写人员：（按姓氏笔画为序）

马　彦　许德杰　李　潘　李志亮　邵熙平　范学振　呼小勇

净小宁　胡海宏　段建伟　徐晨阳　高莎莎　郭晓东　谢国和

魏万丽

审校人员：（按姓氏笔画为序）

马　宙　王　强　王铁军　支凯锋　刘士轩　孙　伟　李　鸿

李红彦　杨　鑫　赵震宇　龚　路　彭　阳　焦远征　潘宝明

薛晓飞

序

铀浓缩产业是一个国家核力量的代表，是核工业发展的基础，是核工业产业链的重要组成部分，是国防建设和核能发展的重要基础，更是有核国家核实力的体现。

自20世纪50年代扩散法铀浓缩开始，我国老一辈铀浓缩专家刻苦钻研、努力攻关，相继突破了扩散级联计算与运行、铀浓缩供取料技术、铀浓缩相关设备及扩散膜的研发与升级等关键技术工艺，不仅满足了当时核力量生产需要，而且取得了大批创新成果，积累了大量丰富的宝贵经验，培养了许多铀浓缩领域的优秀技能技术人才，为我国核工业打下了坚实基础。

离心法铀浓缩技术是铀浓缩技术方法一种。中核陕西铀浓缩有限公司是最早进行离心法铀浓缩工艺技术科研生产实验的企业，也是我国第一座离心法铀浓缩商用工厂。多年来，秉承核工业人的优良传统，励精图治，稳步推进，在离心法铀浓缩生产科研等方面取得了丰硕成果，不断推高安全稳定生产运行水平，并有效降低了生产成本，保证了核燃料生产的国产化，突破了核工业发展瓶颈，也体现了生产科研较高水平。

《铀浓缩技术系列丛书》广泛吸取了众多离心法铀浓缩领域专家、工程师和技能人员的心血成果和意见，参照吸收国内外先进经验及发展趋势，积累整理大量相关资料编写而成。这既是系统总结我国铀浓缩领域工艺技术自主创新成果，也是留给后继人员的一笔宝贵财富。这本书的出版也完成了我于心已久的夙愿。

最后，感谢相关部门的大力支持帮助和出版社的鼎力相助。祝我国铀浓缩领域工艺技术取得更大进步和发展，为我国核工业和核能事业作出更大贡献。

中核陕西铀浓缩有限公司董事长 钟宏亮

2021年12月

前言
Preface

离心法是目前铀浓缩的主要工业生产方法。其生产过程中会产生有毒有害及有放射性的物质，若处置不当，会对人和环境造成危害。对所产生的有害物质固化回收、转运和有效处置，是我们安全生产的重要环节。也是我们负责任大国的体现与担当。对铀浓缩工厂产生的含铀含氟废物进行大规模且有效的处理，需要与之配套的化工处理系统。通过这些系统全过程处理以及科学管控，对保障我们核能生产和应用、有效保护生态环境以及核事业的持续发展具有重要意义。

本书结合离心法铀浓缩工厂生产需求，介绍了铀浓缩工厂相关容器清洗、含铀含氟废水处理、金属铀的制备等系统及其工艺全过程，并阐述了与之相关的生产设备结构原理及应用、生产过程分析监测、铀浓缩工厂三废的处置安全与控制等工程技术问题的解决方法，并对工厂运行产生的三废管理进行处置给出了方案。书中涉及理论概念深入浅出，系统设备具体明确，数据详实内容丰富，集多年来铀浓缩化工系统生产运行宝贵经验以及积累的丰富资料于本书，凝结了铀浓缩化工人的大量心血。

本书编写过程中得到中核陕西铀浓缩有限公司各级领导、专业部门以及化工生产运行和检修单位相关人员的指导和技术支持，并对本书各个章节的编写提出了大量有益的意见建议。本书第一章和第二章由徐晨阳、高莎莎、郭晓东主笔，马彦协助；第三章由范学振、郭晓东、马彦编写；第四章由郭晓东、许德杰编写，第五章由高莎莎、肖建华、王铁军主笔，邵熙平、罗仁东协助；第六章由魏万丽、呼小勇编写；罗仁东对本书进行了初步统稿，陈贵鑫对本书内容进行了审核、修改。李红彦、赵震宇、马宙等对本书提出修改意见。对此表示衷心感谢。

由于时间仓促、编者水平有限，文中难免有不当之处。敬请各位读者提出宝贵意见，以便再版时加以改正。

陈贵鑫

2021 年 12 月

目 录

Contents

第1章

铀、氟的化合物

1.1 概 述

在核燃料循环领域中，铀及其化合物的转化、加工是将其他环节联系在一起的重要工艺过程，而铀及其化合物（如铀氧化物、氟化物等）的性质直接决定着它们的制备工艺和有关工程技术方案的选择。

1.2 铀的基本性质

1789 年，德国化学家克拉普罗特（M.H.Klaproth）从沥青铀矿中分离出一种黑色粉末状的物质，其化学性质与当时已知的任何元素都明显不同，他认定是一种新的元素，为纪念 1781 年发现的天王星（Uranus），便将其命名为 Uranium（铀），1841 年，法国化学家佩利戈特（E.M.Peligot）在进行无水 UCl_4 分析实验时，发现克拉普罗特分离出的“铀”实际上是一种铀的氧化物，接着他便用钾还原 UCl_4，从而真正地制备出了金属铀。1869 年，俄国的化学家门捷列夫依据他本人阐明的元素周期律，确定了铀的相对原子质量和在元素周期表中的位置。1896 年，法国著名的科学家贝可勒尔（H.Becquerel）发现了铀的放射性衰变，从此揭开了原子能科学发展的序幕。1939 年，德国化学家哈恩（O.Hahn）和斯特拉斯曼（F.Strassmann）发现了铀的核裂变现象。自此以后，铀便身价倍增，人类则真正进入了利用原子能（核能）的时代。

1.2.1 铀在自然界中的分布

铀的地球化学性质十分活泼，易于迁移分散，因此在自然界中的分布比较广泛，但难以形成富矿床。作为一种稀有元素，地壳中铀的平均含量约为 $3.5\times10^{-4}\%$，即平均每吨地壳物质中约含 3.5 g 铀；海水中铀含量比较低，约为 2.0 mg/t，铀在自然界中的存在状态，大体可分为 3 类，其一，呈矿物状态，在地壳中由于天然的物理化学和生物作用而形成；其二，呈类质同象状态，在物质的晶体结构中的某离子，被铀离子所取代，而该物质的晶体结构不变，如独居石和磷灰石中的铀即属此类型；其三，呈分散状态，铀以极小的质点或离子状态被某些矿物吸附而形成。其吸附形式有分子状态吸附和离子状态吸附两种，这种赋存状态比较常见。

自然界中，铀通常是以四价或六价离子与其他元素化合的形式存在。现已查明的含铀矿物和铀的矿物高达数百种，但真正具有工业利用价值的仅有二十余种。按其成因分类，铀矿物可分为原生矿物和次生矿物两大类。

原生矿物中铀多以四价离子的形式存在，主要是指在地下深处岩浆活动和地下水活动而形成的铀矿物，矿物外观通常为黑色或黑灰色，具有沥青光泽，是现阶段工业化铀提取生产中广泛使用的一种铀资源。常见的原生铀矿有晶质铀矿和沥青铀矿等。

次生铀矿物主要是指在地表及近地表条件下生成的铀矿物，以六价铀为主，是原生铀矿物或含铀矿物暴露在地表或受地下水作用，通过风化、分解、蚀变等因素重新聚集形成的矿物，矿物外观通常具有鲜艳的黄、绿、橙、红、褐等颜色，多以透明或半透明的片状、粉末状存在，比重较小。常见的次生铀矿物主要有钙铀云母、铜铀云母、钾钒铀矿、钒钙铀矿、硅钙铀矿等。此外，在某些沉积岩、碳质盐和煤层中也可找到有价值的次生铀矿。

1.2.2 铀的晶体结构和物理性质

作为自然界中存在的原子序数最大的核素，铀的物理化学性质主要是由其原子电子壳层的结构特性决定。铀原子核周围的电子云由 7 层电子组成，其电子层结构为 1s22s22p63s23p63d104s24p64d104f145s25p65d105f36s26p66d17s2，由于存在 5f、6d 和 7s 电子，导致铀具有多种价态，如+3、+4、+5 和+6 等；而有关研究表明，在一些化合物中，如 U_3O_8、U_2F_9、U_4F_{17} 等，铀的价态还以均以的分数形式存在。

金属铀的熔点为（1132.3±0.8）℃，在熔点以下时，纯金属铀具有 3 种同素异晶体，分别为α相、β相和γ相，三相的相变温度如表 1-1 所示。

表 1-1 金属铀的三相的相变温度

相变	温度/℃		
	缓慢加热	缓慢冷却	平衡状态
α→β	666±2	685±5	662±3
β→γ	776±2	772±5	774±4
γ→液态	1 132.3±0.8		

在金属铀的制备过程中，冷却速度对金属铀的相变温度影响很大。高纯度的金属铀不可能在室温下保持其高温相，但在制备过程中，适当地增大冷却速度，却可以引起金属铀相变温度的急剧下降。

1.2.2.1 α相晶体结构

如表 1-1 所示，在 666 ℃以下时，金属铀以稳定的α-U 形式存在。α-U 为底心斜方点阵结构，用 X 射线测得的密度为 19.214 g/cm³。室温下，其晶格常数为 $a_0=2.853\times10^{-8}$ cm，$b_0=5.864\times10^{-8}$ cm，$c_0=4.954\times10^{-8}$ cm，晶胞体积为 82.91×10^{-24} cm，原子体积为 20.72×10^{-24} cm³，α-U 单位晶胞内含有 4 个原子，其排列坐标为：

1	o	y	1/4
2	o	$-y$	3/4

3	1/2	$1/2+y$	1/4	
4	$1/2-y$	$1/2-y$	3/4	其中，$y=0.105\pm0.005$

α-U 有一定的韧性，但弹性较差。在 666 ℃左右时，α-U 开始向β-U 转变。

1.2.2.2 β相晶体结构

β-U 金属在铀的工业生产中具有十分重要的作用，因为在β相温度范围内进行热处理时能破坏在制造过程中金属铀发生的选择性取向。用 X 射线测得的β-U 密度为 18.13 g/cm^3。

β-U 具有复杂的四方晶格，单位晶胞内含有 30 个原子。700 ℃时，其晶格常数为 $a_0=b_0=10.52\times10^{-8}$ cm，$c_0=5.57\times10^{-8}$ cm，晶胞体积为 652.4×10^{-24} cm^3，原子体积为 21.75×10^{-24} cm^3。

β-U 性脆。当温度升高至 776 ℃左右时，β-U 开始向γ-U 转变。

1.2.2.3 γ相晶体结构

γ-U 具有简单的体心立方结构，805 ℃时晶格常数 $a_0=3.525\times10^{-8}$ cm，单位晶胞体积为 43.76×10^{-24} cm^3，单位晶胞原子数为 2，X 射线测得的密度为 18.063 g/cm^3。γ-U 的可塑性较好。

1.2.2.4 物理性质

铀是一种致密且具有延展性的银白色金属，在接近热力学温标零度时有超导性。铀最初只用做玻璃着色或陶瓷釉料，1938 年发现铀核裂变后，铀开始成为一种主要的核燃料。当金属铀作为主要的核燃料使用时，在中子的照射下，会发生畸变和肿胀。将铀制作成铀合金或在燃料元件外层包覆一层高强度的包壳，可使这种肿胀和蠕变效应降至最小。

（1）铀的密度

常态（101.325 kPa，25 ℃）下，铀的理论密度为 19.07 g/cm^3。铀的密度可以通过式（1-1）进行计算：

$$\rho=[1/(a_0b_0c_0)](M\cdot n)/N_0 \tag{1-1}$$

式中，a_0、b_0、c_0——晶格常数，cm；

M——铀的相对原子量；

n——单位晶胞内的原子数；

N_0——阿伏伽德罗常数，6.022×10^{23} mol^{-1}。

实际生产、加工中，受杂质元素的影响，铀金属的实际密度与理论密度有一定的差异，且金属铀的密度随铀纯度的变化而发生变化。在不同的温度下，铀金属的密度也有所不同。常态下，α-U 试验测得的密度与 X 射线测得的密度也有所不同，实际测得的α-U 密度在 18.7～19.0 g/cm^3 范围内变化。

（2）铀的热膨胀性能

铀的 3 种同素异晶体中，α-U 和β-U 的晶体特性是各向异性的，它们的热膨胀系数与晶体方向密切相关。α-U 和β-U 的热膨胀系数，可根据 X 射线测量结构变化，利用晶格常数与温度的关系来测定；或者对单晶体的热膨胀进行测量而确定。体心立方结构的γ-U 是各向同性的，其热膨胀系数可通过热膨胀法研究晶体试样而得到。

（3）铀的热力学性能

随着温度的升高，金属铀的等压热容也随之升高。在同素异晶体转变温度处，铀的热容量发生突变。在β-U、γ-U 的温度区域内，热容量保持定值，焓与温度呈线性关系。

（4）铀的导热性

作为核燃料使用时，金属铀的导热性能对其使用范围具有重要影响，如在以金属铀为燃料的反应堆中，发生裂变反应时会释放出大量的热，如导热性能不好，就会在燃料中心部位和外壁之间形成较大的温度差，在产生内应力的同时，也易引起燃料芯体的肿胀、包壳管破裂等事故。

相对于其他金属而言，铀的导热性能相对较差，约相当于铁的 1/2，铜的 1/3。铀的制备工艺和热处理工艺对其导热性能没有太大的影响，但随着金属铀中杂质含量的提高，其导热性能也略有降低。

铀的热导率随温度的升高而逐渐增加，其关系式为：

$$\lambda = 0.244\,6 + 2.739 \times 10^{-4} t \qquad (1\text{-}2)$$

式中，λ——热导率，J/（cm • s • ℃）；

t——温度，℃。

（5）铀的电学性能

与其他金属相比，金属铀为电的不良导体。其导电性相当于铁的 1/8，铜的 1/17，且与晶粒结晶的晶体方向有关，即与金属铀的制备工艺有关。有关实验研究表明，在热膨胀最大的晶轴方向上，其电阻率最大

铀的电阻率随温度升高而减小，但在α→β、β→γ相转变温度时，电阻急剧下降。在温度低于 0.68 K 时，铀具有超导性能。

（6）铀的磁化率

铀是一种弱的顺磁性金属，α-U 的磁化率随温度升高而增大，在相变温度时磁化率发生突变；在β-U 相区内，磁化率没有变化；在γ-U 相区内，磁化率的变化也不大。

1.2.2.5　铀的化学性质

金属铀的化学性质非常活泼，是一种强还原剂，不仅易与所有的非金属物质发生化学反应，还可以与许多金属反应形成金属间化合物或合金，如铀与铝反应可生成 UAl_4、UAl_3、UAl_2 等合金，与铍、镁、镍、钼、铌、钍、钚、锆等作用可生成 U-Be、U-Mg、U-Ni、U-Mo，U-Nb，U-Th，U-Pu，U-Zr-Nb，U-Zr-Th 等金属间化合物。

金属铀易被氧化。铀对氧和卤素的亲和力大，能与氢、水蒸气、氮、碳和含碳气体等发生反应。室温下，高度粉碎的金属铀在空气中易自燃，甚至在水中也可以发生自燃。尤其需要注意的是，在制造、加工铀的合金时，其他金属粉末与铀粉末混合也可能引起自燃，在空气中甚至可发生爆炸。

块状的金属铀裸露在空气中时，表面会失去银白色金属光泽而形成致密的氧化层。在室温或略高于室温时，该氧化层可有效阻止铀的进一步氧化。随氧化层厚度的增加，金属铀的颜色也发生了改变，由银白色逐渐变黄，最后变黑。

在空气中加热金属铀时，铀即燃烧，开始燃烧的温度取决于铀颗粒的大小。700 ℃时，

块状的金属铀开始缓慢而持续地燃烧，形成铀的氧化物。在 700～1 000 ℃时，铀屑在氧气中燃烧会发出明亮的白光。在 400～650 ℃的温度范围内，金属铀也可被 CO_2 氧化。

在室温下，金属铀还易被水氧化，但此反应受氧抑制。在 35～100 ℃之间，有人研究了铀被水蒸气氧化的动力学，其主要的反应方程式如下：

$$7U+6HO_2 \rightarrow 3UO_2+4UH_3$$

上述反应的反应速率与铀的比表面积及水的蒸汽压呈线性正比关系，而与氢气分压无关。反应生成的氢化铀，一部分可被水进一步氧化为 UO_2，其反应方程式为：

$$2UH_3+4H_2O \rightarrow 2UO_2+7H_2\uparrow$$

其余部分则被形成的 UO_2 所保护。溶解在水中的氧气，可降低水对铀的腐蚀速率，这种抑制作用取决于氧的分压。铀和铌、钼形成的合金，能显著改善高温状态下铀对水的耐腐蚀性能。在沸水中，金属铀与水的作用，则以比较缓慢的速率进行。

在一定的温度下，金属铀可与大多数非金属进行反应，反应所需的温度随金属铀的粒度不同而不同。如块状金属铀在 400 ℃以上时，可与氮气反应生成 UN；与碳反应时，反应温度应不低于 1 250 ℃；与硫反应所需的温度应在 250 ℃以上。

而粉末状金属铀与这些物质反应所需的温度要低许多。在 200 ℃时，金属铀与氢气反应生成 UH_3；在 450 ℃左右时，金属铀与氮气发生缓慢反应；当温度升高到 700 ℃时，金属铀与氮气的反应迅速进行，生成氮化物的混合物。氟气与铀在室温下发生剧烈反应，生成 UF_6。在加热到 800～1 000 ℃时，粉末状的金属铀与碳反应，生成 UC 或 UC_2。铀在石墨坩埚中熔化时，坩埚表面形成一层碳化物，可对坩埚起保护作用。

铀在酸中的溶解速度随氢离子浓度的增加而降低。块状的金属铀与稀的无机酸，如硫酸、磷酸和盐酸，仅能发生缓慢的反应。即使在沸腾状态下，金属铀还能耐 3 mol/L 的稀硫酸，但借助于过氧化氢，金属铀能溶于硫酸中。在不加热的条件下，磷酸只能缓慢地与金属铀作用，生成低价铀盐。粉末状金属铀与稀盐酸反应很剧烈，而块状金属铀的溶解速率则较慢。浓盐酸能迅速溶解金属铀，如铀可与 6 mol/L 的盐酸迅速反应，但随盐酸浓度的降低，金属铀的溶解速率明显下降，如在 1 mol/L 的盐酸中，金属铀的溶解速率就相当缓慢。

金属铀在稀盐酸中溶解时，最初形成不溶性的悬浮物，溶液中的铀以三价和四价的形式存在。两者的比率随酸的浓度、溶解时的温度和时间变化而变化。如在 6 mol/L 的盐酸中进行溶解时，溶液中铀的平均价态为 3.2～3.4 之间，而在 12 mol/L 的盐酸中进行溶解时，溶液中铀主要以 U^{+}的形式出现。

1.3　铀的主要化合物

1.3.1　铀的氧化物

在煅烧$(NH_4)_3U_2O_7$ 过程中，随着温度不同，可得到不同的产品，铀的不同氧化物具有不同的颜色。

1.3.1.1 二氧化铀

UO_2是褐色面心立方晶体化合物，其密度为10.96×10^3 kg/m^3，熔点为2 500～2 600 ℃，具有半导体性质，电阻值随温度升高而显著下降。UO_2已被广泛用于制造反应堆燃料元件，这是因为它不会因为反应堆内强辐射照射而发生各向异性变形，也不会因为温度升高而引起晶体结构的变化，同时实际上UO_2不与水反应。以天然铀或低浓铀制备的二氧化物做核燃料，可以直接加工成适宜形状，或者装在耐腐蚀的金属壳内制成元件。但以高浓铀二氧化物作燃料棒时，一般将UO_2粉末装入良导热体中，如铝、不锈钢等，使铀裂变所产生的大量热迅速传给热交换器。

UO_2的氧化反应十分重要，空气中，UO_2即使在室温下也会慢慢氧化，在较高温度下，迅速氧化为U_3O_8。

$$UO_2+O_2 \rightarrow U_3O_8\ （>200\ ℃）$$

UO_2在水中溶解度很小，也不与水发生化学反应，是强碱性氧化物，它易溶于硝酸，反应生成柠檬黄色的硝酸铀酰溶液，放出氧化氮。

$$UO_2+4HNO_3(浓) \rightarrow UO_2(NO_3)_2+2NO_2\uparrow+H_2O$$

$$UO_2+8HNO_3(稀) \rightarrow 3UO_2(NO_3)_2+2NO\uparrow+4H_2O$$

在较高温度下，UO_2能与无水氟化氢反应生成UF_4。

$$UO_2+4HF \rightarrow UF_4+2H_2O\ （>300\ ℃）$$

然而，气态氯化氢在高温下不与UO_2发生作用，UO_2难溶于稀硫酸、稀盐酸和氢氟酸。但是，在氢氟酸存在下，能与稀硫酸、稀盐酸形成络合物溶液而溶解。

$$UO_2+2H_2SO_4+HF \rightarrow H[U(SO_4)_2F]+2H_2O$$

$$UO_2+4HCl+HF \rightarrow H[UCl_4F]+2H_2O$$

在某些氧化剂（如MnO_2）存在下，UO_2可溶解与硫酸，生成硫酸铀酰。溶解反应进行较慢，当引进二价铁离子时，反应可迅速进行。

$$UO_2+2H_2SO_4+MnO_2 \rightarrow UO_2SO_4+MnSO_4+2H_2O\ （引入\ Fe^{2+}）$$

无论加热与否，UO_2都不与碱或碳酸盐发生反应，在压力条件下向热溶液中通氧或空气时，反应迅速发生，此时铀以络盐形式转入溶液。

1.3.1.2 三氧化铀

UO_3至少以6种不同的结晶形态和一种无定形态存在。各种不同的结晶形态，其晶体结构、密度、颜色、和热稳定性不尽相同，表1-2列出了不同晶形UO_3的某些性质。

表1-2 不同晶形的主要性质

晶形	颜色	结构	密度/（g/cm^3）
α-UO_3	褐色	斜方	8.4
β-UO_3	橙色	单斜	8.25
γ-UO_3	黄色	单斜假正方	8.01
δ-UO_3	红色	立方	—
ε-UO_3	砖红色	三斜	8.73
η-UO_3	—	斜方	9.85

在氧存在下加压煅烧时，其余晶态的 UO_3 都会转化为γ-UO_3。UO_3 在高温下失氧，最终产物是 U_3O_8。

$$3UO_3 \rightarrow U_3O_8 + 0.5O_2(800\sim850\ ℃)$$

UO_3 是两性氧化物，它既能与酸反应生成铀酰盐，也可与碱反应得到铀酸盐或重铀酸盐。

$$UO_3 + 2HNO_3 \rightarrow UO_2(NO_3)_2 + H_2O$$

$$UO_3 + 2NaOH \rightarrow NaUO_4 + H_2O$$

UO_3 溶于碱金属盐溶液，反应结果得到重铀酸盐。

$$2UO_3 + KCl + H_2O \rightarrow K_2U_2O_7 + 2HCl$$

UO_3 溶于碱金属的碳酸盐溶液和 pH 控制在 9～10.5 范围时，生成三碳酸铀酰的络盐。如果溶液的 pH 高于 10.5，络盐分解，并沉淀出重铀酸盐。

$$UO_3 + 3Na_2CO_3 + H_2O \rightarrow Na_4[UO_2(CO_3)_3] + 2NaOH$$

在较高温度（＞300 ℃）下，UO_3 与无水氟化氢反应生成淡黄色，具有斜方六面体结构的 UO_2F_2。

$$UO_3 + 2HF \rightarrow UO_2F_2 + H_2O（＞300\ ℃）$$

1.3.1.3　八氧化三铀

U_3O_8 至少有三种结晶形态，即α-U_3O_8、β-U_3O_8、γ-U_3O_8，空气中，金属铀氧化、或在 800 ℃左右煅烧铀盐的高价氧化物，均可制得 U_3O_8。制得的颜色随制取方法和条件不同而不同，可以呈橄榄绿、墨绿直至黑色。通常情况下，在较低温度下得到的产物 U_3O_8 为暗绿色，在高温下煅烧铀盐或还原高价铀氧化物得到的 U_3O_8 呈黑色。

不同温度下生成的 U_3O_8 在酸中的溶解度也不同，煅烧过的 U_3O_8 几乎不与稀硫酸、稀盐酸作用。即使在加热的条件下，稀盐酸中的溶解也较缓慢。在浓盐酸中，它有较高的溶解速度。在氧化剂存在的条件下，U_3O_8 在盐酸中很快溶解，并生成氯化铀酰。浓 H_2SO_4 能溶解 U_3O_8。生成 U（Ⅳ）和 U（Ⅵ）硫酸盐的混合物。

$$U_3O_8 + 4H_2SO_4 \rightarrow 2UO_2SO_4 + U(SO_4)_2 + 4H_2O$$

硝酸能迅速溶解，其反应为：

$$2U_3O_8 + 14HNO_3 \rightarrow 6UO_2(NO_3)_2 + NO + 7H_2O + NO_2$$

在高温下，当 U_3O_8 与氟化氢接触时，可发生下述反应，其产物为氟化铀酰和四氟化铀：

$$U_3O_8 + 8HF \rightarrow 2UO_2F_2 + UF_4 + 4H_2O$$

在高温下，U_3O_8 与 UO_3、UO_2 一样，可与氟气发生作用，转化为 UF_6：

$$U_3O_8 + 9F_2 \rightarrow 3UF_6 + 4O_2$$

高温下，与氢或其他还原性气体（NH_3、CO）接触时，U_3O_8 被还原为 UO_2：

$$U_3O_8 + 2H_2 \rightarrow 3UO_2 + 2H_2O$$

在加压的氧气气氛中，U_3O_8 在低于 600 ℃的温度下，氧化为 UO_3：

$$2U_3O_8 + O_2 \rightarrow 6UO_3$$

1.3.2　铀的氟化物

1.3.2.1　六氟化铀

UF_6作为核燃料，是铀的唯一稳定的气态化合物，广泛用于铀同位素分离厂的供料，各种主要的铀浓缩方法都需要用到六氟化铀，不论是气体扩散法，还是气体离心法。这是由于第一，它可方便的在气态下分离，在液态下供料和卸料，在固态下储存，这三种状态中的任何一种状态均可在较低的温度和压力下得到；第二，因为氟只有一种天然同位素，所以铀浓缩厂总的同位素分离能力用于浓缩较轻铀同位素的丰度。

（1）物理特性

UF_6是一种白色的高密结晶体，具有放射性，剧毒，是一种铀的化合物，其化学式为UF_6。六氟化铀被用于制取浓缩铀，因此在核工业中有很重要的价值。不与O_2、N_2、CO_2或干燥空气发生反应，但是，这些气体在 UF_6 液相中是可溶的，而在固相中是难溶的。当温度升高或压力降低时，很易升华成为气体（101.3 kPa 下 56.4 ℃或 13.17 kPa 下 25 ℃时均升华为气体）。UF_6 的固、液、气三相可以通过控制压力和温度使它们相互转化，三相点出现在 0.15 MPa 和 64.02 ℃，这是固、液、气三种状态同时平衡共存的唯一条件。

UF_6总是在密封的管道、设备或容器中加工处理的，操作者是看不到的。只有通过观察压力或重量的变化来确定其存在。这种变化可通过 UF_6 物理状态，即：固态、液态、气态的相图显示出来，因为物态是其压力和温度的的函数。常压状态，固态 UF_6 的温度与其饱和蒸汽压的对应关系是确定的，可作为 UF_6 是否符合纯度要求的判据，也可作为UF_6是否需要净化的标准。在 20 ℃时，UF_6的饱和蒸汽压为 10.34 kPa（77.6 Torr），如高于此值则说明含有空气、HF 等轻杂质气体。

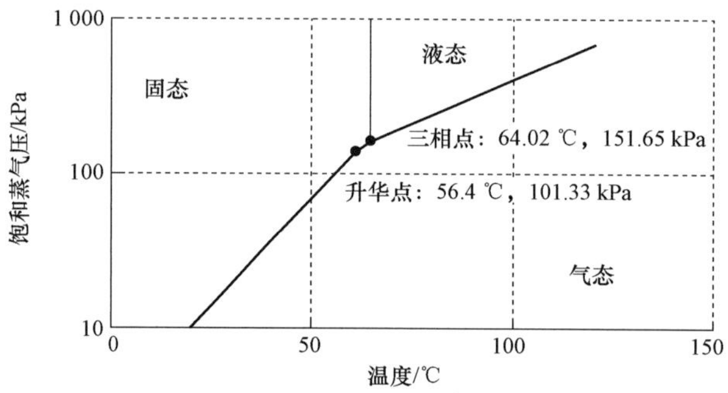

图 1-1　UF_6的三相图

（2）化学性质

UF_6 是一种高挥发性的铀化合物，常压下，不论温度高低会升华为气体，根据 UF_6 泄漏事故分析，泄漏后大气扩散过程包括闪蒸、升华、化学反应、空气卷吸引起的烟羽上升，UF_6液体释放后，立即闪蒸成UF_6气体和固体颗粒，吸热，与周围的水蒸气很快发生反应，生成 HF 气体和 UO_2F_2 固体，放出热量。UF_6对于干燥的氧、氮、二氧化碳和氯气是完全稳定的，与氢气在 225～250 ℃就开始反应，但到 330 ℃，反应只进行一半，甚至在 500 ℃下，反应进行的较慢且不完全。UF_6能腐蚀大多数金属，它与铝反应温和，因为铝的表面在空气中会形成致密的 AlF_3 薄膜，阻止进一步的反应。

$$UF_6(\text{气})+2H_2O(\text{气})\rightarrow UO_2F_2(\text{固})+4HF(\text{气})+\text{热量 } Q$$

所以它在空气中冒白烟，但在 −40 ℃时，UF_6 在空气中的水解作用才不显著，与水蒸气相互作用时，除生成氟化铀酰外，还生成氟化铀酰与水及氟化氢的络合物，加热到 180 ℃时，这种络合物完全转化为氟化铀酰。因此，可以利用 UF_6 与空气中水蒸气相互作用冒白烟的现象，可检查 UF_6 生产系统的密封性。

UF_6 在各种试剂水溶液中水解的结果，与这些试剂和氟化铀酰及氢氟酸相互作用一样，例如，UF_6 与碳酸钠水溶液按下列方程式进行反应：

UF_6 与碳酸钠水溶液发生反应：

$$UF_6+2H_2O\rightarrow UO_2F_2+4HF$$

$$HF+Na_2CO_3\rightarrow NaF+NaHCO_3$$

$$UO_2F_2+3Na_2CO_3\rightarrow Na_4[UO_2(CO_3)_3]+2NaF$$

因此，在生产中可以利用碳酸钠水溶液吸收工艺尾气中的 UF_6。

UF_6 与氢氧化钠水溶液反应：

$$2UF_6+14NaOH\rightarrow Na_2U_2O_7+12NaF+7H_2O$$

其反应热为 485 kJ/mol，因此在用碱处理 UF_6 时，应将气态或液态的 UF_6 小心而缓慢的加入稀碱溶液中。

在 25～100 ℃之间，与氟化银和碱金属氟化物形成具有下列组成的复盐：$3AgF\cdot UF_6$、$NaF\cdot UF_6$、$2NaF\cdot UF_6$、$3NaF\cdot UF_6$、$3KF\cdot UF_6$、$2RbF\cdot UF_6$ 等。这些复盐在 100 ℃以上会发生水解，它们在生产 UF_6 的工艺中，无论在钝化挥发性氟化物方面，还是在从尾气中捕集 UF_6 方面都可以找到很大的应用。

当温度在 100 ℃以下时，UF_6 可被氟化钠选择性的吸附，当温度高于 363 ℃时，从氟化钠中解析出来，但是，在解析时可能产生下列的副反应：

$$3\,NaF\cdot UF_6\rightarrow 3\,NaF\cdot UF_5+\frac{1}{2}F_2\ \text{（245～345 ℃）}$$

$$3\,NaF\cdot UF_5\rightarrow NaF\cdot UF_4+\frac{1}{2}F_2\ \text{（500 ℃）}$$

因此，在工业生产中，为了避免副反应发生，UF_6 的解析常在氟气流中进行。UF_6 是一种强氧化剂，它能被氢、四氯化碳、氯化氢、氯、溴化氢、氨、三氯乙烯等还原剂还原为 UF_4。

无定性的碳在加热时将 UF_6 还原为四氟化铀，并生成四氟化碳及其他氟的碳化物。硅、硫、磷和砷均能与 UF_6 反应，还原成四氟化铀：

$$2UF_6+C\rightarrow 2UF_4+CF_4$$

$$2UF_6+Si\rightarrow 2UF_4+SiF_4\uparrow$$

$$2UF_6+4S\rightarrow US_2+UF_4+2SF_4$$

$$2UF_6+2P\rightarrow 3UF_4+2PF_3$$

玻璃和石英对于干燥的六氟化铀是稳定的，但恒量的水即可发生下列反应，生成氟化氢，使玻璃和石英受到严重的腐蚀。

$$UF_6 + 2H_2O \rightarrow UO_2F_2 + 4HF$$

$$4HF + SiO_2 \rightarrow SiF_4 + 2H_2O$$

六氟化铀能与某些有机溶剂（如四氯化碳、三氯甲烷、五氯乙烷、四氯乙烷）生成理想溶液，室温下能存在几个星期之久。六氟化铀在完全氟化的烷烃溶液中（如过氟环乙烷）最稳定。而在室温时，能与乙醇、乙醚和苯反应。六氟化铀与烃类作用，生成四氟化铀和铀的中间氟化物。六氟化铀不溶于二硫化碳。六氟化铀与某些无机溶液（如液态氟化氢、卤素氟化物）也能生成稳定的溶液，在常温下，六氟化铀微溶于无水氢氟酸，溶解度随温度的升高而增大，与气体氟化氢能组成恒沸混合物。无论在加热或常温下，氯气和溴气对六氟化铀都是稳定的，但液态氯和液态溴能明显的溶解六氟化铀。六氟化铀与氮的氧化物反应生成六氟化铀硝酰（NO_2UF_6）或六氟化铀亚硝酰（$NOUF_6$），这些化合物为微绿色固体。加水易反应生成氧化氮、硝酸、氢氟酸、四氟化铀和氟化铀酰。

六氟化铀与金属的作用和元素氟相似，大多数金属能被 UF_6 腐蚀，金和铂只是在室温下对 UF_6 是稳定的，加热时它们就失去光泽。汞与 UF_6 在常温下就起反应，铅、锡、锌和铁能很快被 UF_6 腐蚀。铜、铝、镍及它们的合金（蒙乃尔、因科镍）因在表面上生成一层细密的氟化膜，能阻止 UF_6 进一步腐蚀。碱金属和碱土金属在加热时能与 UF_6 剧烈反应，UF_6 被还原为金属有：

$$UF_6 + 6Na \rightarrow U + 6NaF$$

$$UF_6 + 3Ca \rightarrow U + 3CaF_2$$

$$UF_6 + 2Mg \rightarrow U + 3MgF_2$$

这些反应都强烈放热，若能解决设备的腐蚀问题，这些反应对从直接制备金属铀有很重要意义。

（3）UF_6 的毒性

UF_6 对人体的危害有化学危害和辐射危害两种，其化学毒性对人体的伤害更为严重。

化学毒性

主要是通过呼吸道进入人体内，六价铀很易进入血液中，随着血液流遍全身。流经肾的六价铀大部分随尿排出，少量留在肾内，前 24 h 可排除 50%～90%，肾功能病变会加重肝功能负担。UF_6 的烟雾吸入后会引起化学性肺炎，而进入胃肠的大部分随粪便排出，在胃肠中积累占 3%～9%，也可通过伤口进入血液中，所以在工作中严防 UF_6 气体吸入。严重的事故总是很少的，但长期小剂量 UF_6 的吸入对人体的健康是有影响的，由于各人体质不同，其对各人影响并不相同，因人而异。

辐射危害

铀是放射性元素，它能发出α、β、γ三种射线。α射线是一种带正电的高速运动的α粒子流；β射线是不稳定原子发出的电子流；γ射线是一种由原子核发出来的电磁波，即不带电的光子。α射线的穿透能力差，一张普通的白纸就可挡住，由于我厂使用的是加工后生成的天然料，基本上不含γ射线，而β射线也因 UF_6 存放在密封容器或管道内被屏蔽掉，射线的屏蔽情况如表 1-3 所示，因此在日常我们受到的辐射危害还是比较小的。另外，辐

射危害的强度还与 ^{235}U 的丰度有关，^{235}U 丰度与α射线强度关系，如表 1-4 所示。

表 1-3　射线的屏蔽

射线种类	与物质作用的主要方式	屏蔽材料种类	举例
α	电离与激发	一般物质	一张纸
β	电离与激发	轻物质＋重物质	铝或有机玻璃或铁
γ	光电效应、康普顿效应、电子对效应	重物质	铅、铁、混凝土

表 1-4　^{235}U 丰度与α射线强度关系

铀的种类	铀的同位素	丰度/%	α强度
天然铀	^{234}U	0.005 4	0.737
	^{235}U	0.711 5	0.028
	^{238}U	99.283	0.734
20%	^{234}U	0.13	17.809
	^{235}U	20	0.950
	^{238}U	79.79	0.591
90%	^{234}U	0.87	119.197
	^{235}U	90	4.285
	^{238}U	8.96	0.67

1.3.2.2　四氟化铀

（1）物理性质

四氟化铀是翠绿色的粉末，所以又叫绿盐。密度（25 ℃）6.70 g/cm^3，熔点 1 036 ℃，沸点为 1 415 ℃，难于挥发，是一种难容物质，它在水和氢氟酸中的溶解度见表 1-5 所示。

表 1-5　四氟化铀在水和氢氟酸中的溶解度

温度/℃	溶剂	四氟化铀溶解度（mg/L）
0	H_2O	7.1
25	H_2O	23.8
60	H_2O	95.2
25	H_2O＋30%HF	230.0

可以看出，四氟化铀在水中的溶解度随温度的升高而增大。四氟化铀难溶于水，在某些稀酸中的溶解度也很小。

（2）化学性质

四氟化铀是一种稳定的化合物，但在一定条件下，四氟化铀能和某些物质发生反应。在干燥空气中，四氟化铀一直到 200 ℃时都十分稳定，温度更高时，开始分解。在 300～600 ℃温度范围内，生成氟化铀酰和八氧化三铀。氧气中加热至 800 ℃转变为 UF_6 和 UO_2F_2。因此，在空气中煅烧四氟化铀时，应考虑由于六氟化铀的挥发而常常使铀损失。

但在实验室制备六氟化铀时，可利用这个反应。由于该反应无需氟气就可制备六氟化铀，所以在工艺上很有价值。

对于干燥的氮、氢和二氧化碳气体，四氟化铀一直到 600～700 ℃都是完全稳定的，因此，有时氮气被用作四氟化铀脱水过程的保护气，而氢气有时被用于从四氟化铀中驱除其他的挥发性组分（氧、痕量有机杂质等）的保护气。当温度高于 900 ℃时，四氟化铀被氢还原为三氟化铀：

$$2UF_4+H_2\rightarrow 2UF_3+2HF$$

在 500～575 ℃范围内。氯对四氟化铀的作用很弱。在更高的温度下，可以生成氧化程度高的卤化物混合物。在 420 ℃时，四氟化铀与四氯化碳蒸汽相互作用，生成一氯三氟化铀。在 250～400 ℃范围内，用氟处理四氟化铀时，生成六氟化铀：

$$UF_4+F_2\rightarrow UF_6$$

这个过程是很复杂的，它分阶段进行，同时生成了一系列铀的中间氟化物。在较低的温度时（100～200 ℃），采用卤素氟化物（三氟化溴、三氟化氯等），也可以把四氟化铀转化为六氟化铀。

（3）水解反应，当温度高于 100 ℃时，水蒸气能与四氟化铀相互作用，发生水解反应：

$$UF_4+H_2O=UO_2+4HF$$

生成的 UO_2 也可进一步被水蒸气氧化，氧化后生成的 UO_3 继续与氟化氢作用生成氟化铀酰：

$$UO_2+H_2O=UO_3+H_2$$

$$UO_3+2HF=UO_2F_2+H_2O$$

如果水蒸气中有氧存在，UF_4 在水解的同时还生成 UO_2F_2。反应可按下列方程式进行：

$$UF_4+2H_2O=2UF_3(OH)+2HF$$

$$2UF_3(OH)+2H_2O=2UF_2(OH)_2+2HF$$

$$2UF_2(OH)_2+O_2=2UO_2F_2+2H_2O$$

与酸的反应，非氧化性酸（盐酸、硫酸、磷酸），在室温时几乎不与四氟化铀作用，增大酸的浓度，只增加四氟化铀的溶解度。热的浓磷酸能将四氟化铀转化为四价铀的磷酸盐。而浓硫酸即使煮沸也不能溶解四氟化铀，加入硼酸或二氧化硅时，也只能部分溶解。但在浓硫酸中加入二氧化锰、金属铀屑、二氧化铀或过氧化氢时，四氟化铀能全部溶解，可能发生的反应是：

$$UF_4+H_2SO_4+MnO_2=UO_2F_2+MnSO_4+2HF$$

$$UF_4+8H_2SO_4+3UO_2=4H[U(SO_4)_2F]+6H_2O$$

$$UF_4+8H_2SO_4+3U=4H[U(SO_4)_2F]+6H_2\uparrow$$

$$2UF_4+H_2SO_4+2H_2O_2=UO_2SO_4+UO_2F_2+6HF$$

热的盐酸与四氟化铀反应很慢，当加入金属铀屑、过氧化氢或铝盐时，四氟化铀能全部溶解：

$$UF_4+16HCl+3U=4H(UCl_4F)+6H_2\uparrow$$

$$2UF_4+2HCl+2H_2O_2=UO_2Cl_2+UO_2F_2+6HF$$

加入铝盐时四氟化铀能够溶解，这是由于生成氟结合的稳定络离子 $AlF_{3\text{-}6}$ 或 Al^{+2}，从而降低了氟在溶液中的浓度。

四氟化铀极易溶解于氧化性酸，生成铀酰离子。发烟高氯酸是四氟化铀最好的溶剂。四氟化铀与硝酸作用较慢，但当加入硼酸或二氧化硅时，则能大大的加速四氟化铀的溶解反应。

与碱的反应，加热时，碱、氨和苏打的水溶液能破坏四氟化铀，可把四氟化铀转化为四价铀的氢氧化物，其反应方程式为：

$$UF_4 + 4NaOH = U(OH)_4 + 4NaF \text{（加热 90 ℃）}$$

氢氧化铀在水中的溶解度为 10^{-4} mg/L，此反应可用于回收四氟化铀废料。金属铀的过氧化物含过氧化氢的氨溶液均能溶解四氟化铀，生成黄色的过铀酸盐。

热还原反应，四氟化铀在高温下能被钙、镁等强还原剂还原成金属铀：

$$UF_4 + 2Mg = U + 2MgF_2$$

$$UF_4 + 2Ca = U + 2CaF_2$$

这两个反应是工业上生产金属铀的重要反应。

水合作用，无水四氟化铀与水及一定浓度的氟化氢水溶液发生水合作用。当温度为 20 ℃和氟化氢浓度为 0～10%时，水合晶体的组成为 $UF_4 \cdot 2.5H_2O$。当温度为 20 ℃时，四氟化铀与 40%的氢氟酸不发生水合作用。

从水溶液中沉淀四氟化铀时，因沉淀温度的不同，四氟化铀可以呈现出若干种水合晶体，室温下，水合晶体的组成为为 $UF_4 \cdot 2.5H_2O$，在 60～70 ℃时为 $UF_4 \cdot (1.5\sim2.0)H_2O$，在 100 ℃左右时可生成低结晶水的水合晶体 $UF_4 \cdot H_2O$、$UF_4 \cdot 0.75\ H_2O$ 等，这些结晶水合物，不仅晶体结构不一样，而且稳定性也不同，$UF_4 \cdot 2.5H_2O$ 最稳定，其他水合晶体都会逐渐的转化成这种水合物。

四氟化铀的吸湿性主要取决于制备方法，与水溶液中沉淀脱水制得的四氟化铀相比，高温下干法制得的四氟化铀的吸湿性要小的多。

1.3.3　铀酰化合物

1.3.3.1　氟化铀酰

铀在水溶液中可能表现出四种价态，三价、四价、五价、六价，稳定的价态四价、六价。在生产中铀是以六价态的铀酰离子（UO_2^{2+}）进入溶液的，铀酰离子中，有两个氧原子与铀原子牢固结合，铀形成铀酰基的趋势十分强烈，UF_6 在有水存在时就能立即转化为氟化铀酰（UO_2F_2）。

无水 UO_2F_2 是淡黄色晶体，是铀的化合物的一种，是六氟化铀和空气中的水分的直接反应产物。也是六氟化铀氧化或与金属反应时生成的中间化合物。所以在空气中易于潮解，非常容易溶于水（25 ℃时，百分比浓度 65.6%），有很强的吸水性，与水反应后由亮橙色变为黄色。氟化铀酰在 300 ℃的空气中表现稳定，当温度升高时，缓慢分解成 U_3O_8，并释放出有毒气体。在真空中加热，UO_2F_2 则变成二氧化铀、八氧化三铀、和四氟化铀，UO_2F_2 可被氢气还原。

$$UO_2F_2+H_2 \rightarrow UO_2+HF(500\ ℃)$$

1.3.3.2 硝酸铀酰

由硝酸溶解氧化铀、金属铀或其他铀的难容化合物而得：

$$U_3O_8+8HNO_3(浓) \rightarrow 3UO_2(NO_3)_2+2NO_2\uparrow+4H_2O$$

$$3U_3O_8+20HNO_3(稀) \rightarrow 9UO_2(NO_3)_2+2NO\uparrow+10H_2O$$

$$U+8HNO_3(浓) \rightarrow UO_2(NO_3)_2+6NO_2\uparrow+4H_2O$$

$$U+4HNO_3(稀) \rightarrow UO_2(NO_3)_2+2NO_2\uparrow+2H_2O$$

$$Na_2U_2O_7+6HNO_3 \rightarrow 2UO_2(NO_3)_2+2NaNO_3+3H_2O$$

$$(NH_4)_2U_2O_7+6HNO_3 \rightarrow 2UO_2(NO_3)_2+2NaNO_3+3H_2O$$

$UO_2(NO_3)_2$ 结晶常见有三种水合物，柠檬黄色结晶 $UO_2(NO_3)_2 \cdot 6H_2O$、黄色结晶 $UO_2(NO_3)_2 \cdot 3H_2O$、橙色 $UO_2(NO_3)_2 \cdot 2H_2O$。在硝酸溶液中，析出哪一种硝酸铀酰水合物，取决于溶液的酸度。$UO_2(NO_3)_2 \cdot 6H_2O$ 在水或稀酸溶液中即可析出。$UO_2(NO_3)_2 \cdot 3H_2O$ 在浓酸溶液中析出，而 $UO_2(NO_3)_2 \cdot 2H_2O$ 只有在发烟硝酸溶液中方可析出。

1.3.3.3 碳酸铀酰钠

用碳酸盐溶液浸出铀矿之后，生成三碳酸铀酰离子，由于后者在水溶液中很稳定，而一般金属离子在此条件下常常形成难容性的碳酸盐或者水解成氢氧化物沉淀洗出。在铀加工工艺及分析化学中常利用$[UO_2(CO_3)_3]^{4-}$的这种性质，使铀与其他杂质金属离子分离，因此$[UO_2(CO_3)_3]^{4-}$络合物中，像 $Na_4[UO_2(CO_3)_3]$、$(NH_4)_4[UO_2(CO_3)_3]$较有实际意义。

三碳酸铀酰钠是黄色的晶体，在水溶液中析出时，不带结晶水。

- 加热到 400 ℃时，分解为铀酸钠和碳酸钠。
- 在碱性溶液中是稳定的，但介质 pH 高于 13 时它即分解。
- 反之溶液酸化到 pH 为 5～6 时它也同样分解。
- 在前一种情况下，增强碱性生成重铀酸钠。
- 在后一种情况下，由于酸分解作用导致形成铀酰离子溶液或者当介质的 pH 适宜沉淀时，即形成铀酸钠或重铀酸钠的混合物沉淀。

将碱金属或铀的碳酸盐与铀酰的氢氧化物、三氧化铀、重铀酸盐及其铀盐作用，可得到溶解度很大的碳酸铀酰复盐。

$$UO_2(OH)_2+3M_3CO_3 \rightarrow M_4[UO_2(CO_3)_3]+2MOH$$

$$M_2U_2O_7+6M_2CO_3+3H_2O \rightarrow 2M_4[UO_2(CO_3)_3]+6MOH$$

$$UO_2SO_4+M_2CO_3 \rightarrow M_4[UO_2(CO_3)_3]+M_2SO_4$$

大多数三碳酸铀酰的溶解度随着盐析浓度的增加而减少，只有 $Na_4[UO_2(CO_3)_3]$在碳酸钠溶液中的溶解度是随着温度升高而减少的，显示了与其他盐类不同的特性。

1.3.3.4 草酸铀酰

草酸铀酰为黄色结晶，微溶于水，溶于强酸及草酸的碱金属溶液中，在铀的精制工业发展史中，曾利用过量的草酸加入 $UO_2(NO_3)_2$ 溶液中，使之生成草酸铀酰沉淀，而使铀与其他溶于硝酸的杂质元素分离。草酸铀酰沉淀在过量草酸盐存在时，将被溶解，形成种类很多的草酸铀酰金属络合物。

1.4　氟及其氟化氢

1.4.1　氟

氟是一种非金属化学元素，具有极强腐蚀性的淡黄色双原子刺激性气味的气体，是自然界电负性最强的元素，也是最强的单质氧化剂。化学符号 F，原子序数 9。氟元素的单质是 F_2，有剧毒。化学性质极为活泼，甚至可以和部分惰性气体在一定条件下反应。氟是特种塑料、橡胶和冷冻机（氟氯烷）中的关键元素。

氟在标准状态下是淡黄色气体，液化时为黄色液体。在 –252 ℃时变为无色液体。常温下，能同绝大多数元素单质发生化合反应，并剧烈放热。和氢气即使在 –250 ℃的黑暗中混合也能发生爆炸，故液氟和液氢也用作高能火箭的液体燃料。

氟是生物体内不可缺少的元素之一，微量氟的摄取和积存对生物体的生存是必要的。当人体中含氟量过低时，易患龋齿病。当然，过量会使人发生中毒，是一种慢性全身性疾病，早期表现为疲乏无力、食欲不振、头晕、头痛、记忆力减退等症状。过量的氟进入人体后，主要沉积在牙齿和骨骼上，形成氟斑牙和氟骨症。在饮用水中，氟的适意浓度为 0.5～1.0 mg/L，最高不超过 1 mg/L。

1.4.2　氟化氢

1.4.2.1　氟化氢的物理性质

氟化氢（化学式：HF）是由氟元素与氢元素组成的二元化合物。它是无色有刺激性气味的气体，是一种一元弱酸。氟化氢的水溶液称作氢氟酸，氟化氢及其水溶液均有毒性。

表 1-6　氟化氢物理特性

性质	数值	性质	数值
熔点/℃	–83.7	相对密度（水＝1）	1.15
沸点/℃	19.5	相对蒸气密度（空气＝1）	1.27
分子式	HF	分子量	20.01
饱和蒸气压/kPa	53.32（2.5 ℃）	燃烧热/（kJ/mol）	无意义
饱和蒸气压/kPa	53.32（2.5 ℃）	燃烧热/（kJ/mol）	无意义
临界温度/℃	188	临界压力/MPa	6.48
气化热	30.31 kJ · mol	—	—

1.4.2.2　氟化氢的化学性质

具有很强的腐蚀性，能侵蚀玻璃和硅酸盐而生成气态的四氟化硅，但不腐蚀聚乙烯、铅和白金；

极易挥发，置于空气中即冒白烟，溶于水时激烈放热而成氢氟酸；

与金属盐、氧化物、氢氧化物作用生成氟化物；

能与普通金属发生反应，放出氢气而与空气形成爆炸性混合物；

氟化氢对热稳定，加热到 1 000 ℃仅稍有分解；

与硅和硅化合物反应生成气态的四氟化硅，生成的 SiF_4 可以继续和过量的 HF 作用，生成氟硅酸，氟硅酸是一种二元强酸；

$$SiO_2 + 4\,HF \rightarrow SiF_4 + 2H_2O$$

$$SiF_4 + 2HF = H_2[SiF_6]$$

氢氟酸能形成酸式盐，氢氟酸本是一元酸，但能制得一系列的酸式盐如 $NaHF_2$、KHF_2、NH_4HF_2 等，这种性质是其他三种氢卤酸所不具有的。

氟化氢与 UO_2 作用生成 UF_4，与氨作用形成多种组成的氟化物；

液态氟化氢是一种极性溶剂，能溶解一些有机物（如如丙烷、苯、蒽等）。有一些有机物则与氟化氢猛烈反应，如与三氯甲烷反应生成三氟甲烷和氯化氢，在制备某些有机氟化物时，氟化氢是氟化剂、聚合剂、催化剂、溶剂和脱水剂。

由于氟化氢对水有很强的亲和力，当木材、纸等纤维物质与它接触时被碳化，聚乙烯在接触时间较长时发黑，而普通橡胶则会脆化。在其他非金属材料中，氟橡胶、聚四氟乙烯、碳、石墨、氟化钙、烧结氧化铝不与氟化氢发生作用。

1.4.2.3 用途

主要用作含氟化合物的原料，也用于氟化铝和冰晶石的制造，半导体表面刻蚀及用作烷基化的催化剂；

在电子工业中用作强酸性腐蚀剂，可与硝酸、乙酸、氨水、双氧水配合使用；

用作分析试剂，也用于高纯氟化物的制备。是氟盐、氟致冷剂、氟塑料、氟橡胶、氟医药及农药等所必需的氟来源；

是生产冷冻剂“氟里昂”、含氟树脂、有机氟化物和氟的原料。在化工生产中可用作烷基化、聚合、缩合、异构化等有机合成的催化剂。还用于开采某些矿床时腐蚀地层，以及稀土元素、放射性元素的提取。在原子能工业和核武器生产中是制造六氟化铀的原料，也是生产火箭燃料和添加剂的原料，还可用于腐蚀玻璃和浸渍木材等；

用于有机或无机氟化物的制造，如氟碳化合物、氟化钠、氟化铝、六氟化铀和冰晶石等。也用于不锈钢、非铁金属酸洗，玻璃仪表刻度、玻璃器皿和镜子刻花、刻字，以及玻璃器皿抛光、磨砂灯泡和一般灯泡处理、金属石墨乳除硅提纯、金属铸件除砂、石墨灰分的去除、半导体（锗、硅）的制造。也用作染料合成。及其他有机合成的催化剂。还用于电镀、试剂、发酵、陶瓷处理以及含氟树脂和阻燃剂的制造等；

用于刻蚀玻璃，酸洗金属，制无机类氟盐产品及化学试剂；

用于原子能工业、制元素氟、氟化物，也可作催化剂、氟化剂等用于有机或无机氟化物的制造，也用于不锈钢、非铁金属酸洗、玻璃器皿磨砂和酸洗、磨砂灯泡的处理等。

1.4.2.4 注意事项及其防护

皮肤接触：立即脱去污染的衣着，用大量流动清水冲洗至少 15 分钟。就医。

眼睛接触：立即提起眼睑，用大量流动清水或生理盐水彻底冲洗至少 15 分钟。就医。

危险特性：氟化氢为反应性极强的物质，能与各种物质发生反应，腐蚀性极强。

灭火方法：消防人员必须穿特殊防护服，在掩蔽处操作。喷水保持火场容器冷却，直至灭火结束。

应急处理：迅速撤离泄漏污染区人员至安全区，并立即隔离 150 m，严格限制出入。建议应急处理人员戴自给正压式呼吸器，穿防酸碱工作服。尽可能切断泄漏源。防止流入下水道、排洪沟等限制性空间。若是气体，合理通风，加速扩散。喷氨水或其他稀碱液中和。构筑围堤或挖坑收容产生的大量废水。也可以将残余气或漏出气用排风机送至水洗塔或与塔相连的通风橱内。漏气容器要妥善处理，修复、检验后再用。若是液体，用砂土或其他不燃材料吸附或吸收。也可以用大量水冲洗，洗水稀释后放入废水系统。若大量泄漏，构筑围堤或挖坑收容。用泵转移至槽车或专用收集器内，回收或运至废物处理场所处置。

健康危害：对呼吸道粘膜及皮肤有强烈的刺激和腐蚀作用。

急性中毒：吸入较高浓度氟化氢，可引起眼及呼吸道粘膜刺激症状，严重者可发生支气管炎、肺炎或肺水肿，甚至发生反射性窒息。眼接触局部剧烈疼痛，重者角膜损伤，甚至发生穿孔。氢氟酸皮肤灼伤初期皮肤潮红、干燥。创面苍白，坏死，继而呈紫黑色或灰黑色。深部灼伤或处理不当时，可形成难以愈合的深溃疡，损及骨膜和骨质。

慢性影响：眼和上呼吸道刺激症状，或有鼻衄，嗅觉减退，可有牙齿酸蚀症。

燃爆危险：不燃，高毒，具强腐蚀性、强刺激性，可致人体灼伤。

呼吸系统防护：空气中浓度超标时，必须佩戴防毒面具或供气式头盔。紧急事态抢救或逃生时，建议佩带自给式呼吸器。

眼睛防护：戴化学安全防护眼镜。

防护服：穿工作服（防腐材料制作）。

手防护：戴橡皮手套。

其他：工作后，淋浴更衣。单独存放被毒物污染的衣服，洗后再用，保持良好的卫生习惯。

1.4.3　氟化钠

1.4.3.1　氟化钠的物理化学性质

NaF 是一种白色粉末或结晶，无臭，熔点为 993 ℃，微溶于水，水溶液呈弱碱性，可溶于氢氟酸或直接与 HF 气体发生气固化学反应，腐蚀玻璃，有毒性，主要用于化工分析，杀虫剂，防腐剂，血液检验，助溶剂等。比重为 2.25，熔点 993 ℃沸点 1 695 ℃。溶于水（溶解度 10 ℃　3.66、20 ℃　4.06、30 ℃　4.22、40 ℃　4.4、60 ℃　4.68、80 ℃　4.89、100 ℃　5.08）、氢氟酸，微溶于醇。水溶液呈弱碱性，溶于氢氟酸而成氟化氢钠，能腐蚀玻璃，有毒。

氟化钠可透过中和生产过磷酸盐肥料时生成的废料氢氟酸以制成。除此以外，也可通过浓缩氢氟酸中和氢氧化钠或碳酸钠后的反应液，需要时加入乙醇沉淀来制得氟化钠：

$$HF + NaOH \rightarrow NaF + H_2O$$

$$2HF + Na_2CO_3 \rightarrow 2NaF + CO_2 + H_2O$$

当利用过量的氢氟酸时，便会生成氟氢化物—氟氢化钠（$NaHF_2$）。把后者加热时，不但会释放氟化氢，亦会组成氟化钠。

$$NaHF_2 \rightleftharpoons HF + NaF$$

当温度在 100 ℃以下时，UF_6 可被氟化钠选择性的吸附，当温度高于 360 ℃时，从氟化钠中解析出来，但是，在解析时可能产生下列的副反应：

$$3NaF \cdot UF_6 \rightarrow 3NaF \cdot UF_5 + \frac{1}{2} F_2 \text{（245～345 ℃）}$$

$$3NaF \cdot UF_5 \rightarrow NaF \cdot UF_4 + \frac{1}{2} F_2 \text{（500 ℃）}$$

因此，在工业生产中，为了避免副反应发生，UF_6 的解析常在氟气流中进行。

氟化钠的用途：

用于木材防腐剂，医药防腐剂，焊接助熔剂及造纸工业、饮用水的净水剂、制革工业的生皮、表皮处理、轻金属冶炼精练和保护层、和沸腾钢的制造。

1.4.3.2　氟化钠化学吸附特性

NaF 吸附 HF 的特性：NaF 与 HF 反应生成的氟化氢钠为白色粉末，加热至 300 ℃时分解为 NaF 和 HF。当利用 NaF 吸附 HF 这一特性时，一般都会把 NaF 制作成具有一定孔隙率的 NaF 吸附型体，球状 NaF 的制作基于工业纯 $NaHF_2$ 研磨，加水调成糊状，制作成直径为 20 mm 左右的小球，放于烘干箱中 250 ℃高温加热除去 HF。

$$NaHF_2 \rightarrow HF + NaF$$

NaF 吸附 UF_6 的特性：研究发现，制作成型的 NaF 颗粒在一定条件下也可以吸附 UF_6，也是一种气相与固相之间的化学反应，在一定温度范围内，UF_6 可以被 NaF 选择性吸收，生成复盐，当温度在大于 300 ℃时，又可以使该复盐热分解析出 UF_6。

1.4.3.3　氟化钠吸附氟化氢特性应用

利用氟化钠可以吸附氟化氢原理，用来对含有 HF 气体的净化，在较低温度下，HF 的蒸汽压比 UF_6 的的蒸汽压大得多，将含有 HF 的 UF_6 在一定温度下进行释压，大部分氟化氢挥发移去，从而使六氟化铀得到一定程度的纯化。以下主要介绍利用此原理对装有六氟化铀容器（凝冻器）的净化处理。

HF 吸脱附处理六氟化铀容器工艺流程（见图 1-2）为：采用压差从容器内释放出来的带有氟化氢的六氟化铀气体混合物，六氟化铀首先在－80 ℃冷冻的低温容器内冷凝，实现与氟化氢的分离。大量氟化氢气体经过装有氟化钠的吸附塔后，被氟化钠反应吸收。最终实现容器的净化处理。

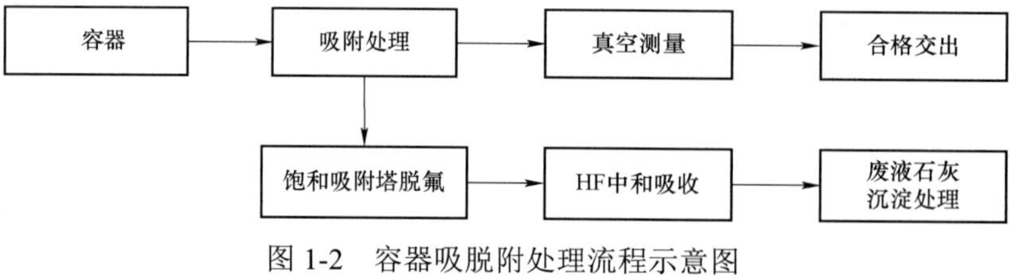

图 1-2　容器吸脱附处理流程示意图

（1）吸附工艺

24（20）L 小容器盛装的主要为轻杂质（主要成分 HF）及少量 UF_6，采用压差使容器内的气体释放出来，释放出来的 UF_6 气体首先被冷冻回收，HF 气体被 NaF 吸附。主要工艺流程为：24（20）L 小容器→－80 ℃深冷箱（50 L）→NaF 吸附塔→冷阱（－196 ℃冷冻的凝冻器）→真空泵→局排。

（2）脱附工艺

脱附工艺是在吸附工艺的基础上进行的，吸附工艺中吸附达到饱和的吸附塔，从系统上拆除，需要对其加热至 300 ℃左右，吸附 HF 达到饱和的 $NaHF_2$ 进行加热把 HF 释放出来，NaF 再生重复利用，脱附出来的 HF 通过碱液中和吸收。主要工艺流程为：NaF 吸附塔加热→HF。

1.5　辐射防护基础知识

为了达到辐射防护目的，辐射防护必须遵循辐射防护的基本原则，即：辐辐射实践正当化、防护与安全最优化、限值个人剂量三项基本原则。

1.5.1　辐射实践的正当化

在施行伴有辐射照射的任何实践之前要经过充分论证，权衡利弊。对于引入伴有辐射防护的任何实践活动，事先都必须经过正当性判断。确认该项实践活动具有正当性，即该项实践只有在考虑了社会、经济和其他有关因素（包括环境因素与健康损害代价）之后，其对受照个人或社会带来的利益足以弥补其可能引起的辐射危害时，也就是说，通过该项实践活动所获得的净利益超过付出的代价，才能认为该项辐射实践是正当的。

在 GB 18871—2002　4.3 辐射防护要求中明确指出应对个人受到的正常照射和个人所受到的潜在照射危险加以限制，并在该标准的附录中分别给出了职业照射的剂量限值和公众照射的剂量限值。在实施实践的正当性的同时，必须对个人所受的照射剂量限值加以限制，即个人受照射的剂量不应超过规定的限值。该限值仅适用于实践所引起的照射。

1.5.2　防护与安全的最优化

防护与安全的最优化，既包括辐射防护的最优化，也包括辐射源安全与使用辐射源单位安全的最优化。采取最优化的防护与安全措施应当避免一切不必要的照射，在考虑到经济和社会因素的条件下，所有辐射照射都应保持在可合理达到的尽可能低的水平。也可以说，防护与安全的最优化是对于来自一项实践中的任一特定源的照射，使受照人群的数量最少，受照射的可能性最少，受照射剂量最少。

1.5.3　剂量限制

剂量限制包括：剂量限制和潜在照射危险限值；剂量约束和潜在照射危险约束。

（1）对应个人受到的正常照射加以限制，以保证由来自各项获准实践的综合照射所致的个人总有效剂量和有关器官或组织的总当量剂量不超过标准中规定的相应剂量限值。

（2）应对个人所受到的潜在照射危险加以限制，使来自各项获准实践的所有潜在照射所致的个人危险与正常照射剂量限值所相应的健康危险处于同一数量级水平。

（3）对于特定的源，其剂量约束和潜在照射危险约束应不大于审管部门对这类源规定或认可的值，并不大可能导致超过剂量限值和潜在照射危险限值的值。

（4）对任何可能向环境释放放射性物质的源，剂量约束还应确保对该源历年释放的累积效应加以限制，任何公众成员（包括其后代）在任何一年里所受到的有效剂量均不超过相应的剂量限值。

对个人受到的正常辐射加以限制，以保证综合辐射所致的个人总有效剂量和有关器官或组织的总当量剂量不超过国家标准中规定的相应剂量限值。

表 1-7　职业照射与公众照射的剂量限值

受照对象	剂量限值
职业人员	a）由审管部门决定的连续 5 年的年平均有效剂量，20 mSv；
	b）任何一年中的最高有效剂量，50 mSv；
	c）眼晶体的年当量剂量，150 mSv；
	d）四肢（手和足）或皮肤的年当量剂量，500 mSv。
公众	a）年有效剂量，1 mSv；
	b）特殊情况下，如果 5 个连续年的年平均剂量不超过 1 mSv，则某一单一年份的有效剂量可提高到 5 mSv；
	c）眼晶体的年当量剂量，15 mSv；
	d）皮肤的年当量剂量，50 mSv。

第 2 章

真空基础知识

2.1 概　述

“真空”是指气体分子密度低于一个大气压的分子密度稀薄气体状态。真空的发现始于 1643 年，那年托利拆利（E.Torricelli）做了有名的大气压力实验，将一端密封的长管注满水银倒放在盛有水银的槽里时，发现了水银柱顶端产生了真空，确认了真空的存在。此后，人们不断致力于提高真空度，随着科学技术的发展，现在已经能够获得低于 10^{-10} Pa 的极高真空。

在真空状态下，由于气体稀薄，分子之间或分子与其他质点之间的碰撞次数减小，分子在一定时间内碰撞于表面上的次数亦相对减小，这导致其有一系列新的物化特性，诸如热传导与对流减小，氧化作用小，气体污染小，气化点降低，高真空的绝缘性能好等等，这些特征使得真空特别是高真空技术已发展成为先进技术之一，目前，在高能粒子加速器、大规模集成电路、表面科学、薄膜技术、材料工艺和空间技术等科学研究的领域中占有重要地位，被广泛应用于工业生产，尤其是在电子工业的生产中起着关键的作用。

2.2 真空物理基础

2.2.1 真空的表征

表征真空状态下气体稀薄程度的物理量称为真空度。单位体积内的分子数越少，气体压强越低，真空度越高，习惯上采用气体压强高低来表征真空度。

在 SI 单位制中，压强单位为牛顿/米 ^{2}（N/m^2）：

1 牛顿/米 ^{2} = 1 帕斯卡（Pascal）

帕斯卡简称为帕（Pa），由于历史原因，物理实验中常用单位还有托（Torr）。

1 标准大气压（atm）= $1.013\ 5\times10^5$（Pa）

1 托 = 1/760 标准大气压

1 托 = 133.3 帕斯卡

习惯采用的毫米汞柱（mmHg）压强单位与托近似相等（1 mmHg = 1.000 000 14）托。各种单位之间的换算关系见表 2-1。

表 2-1 真空单位换算关系

单位	帕/Pa	托/Torr	微巴/μba	大气压/atm	工程大气压	普西/Psi
1 帕（1 牛顿/米 ^{2}）	1	$7.500\,6\times10^{-3}$	10	$9.869\,2\times10^{-6}$	$1.019\,7\times10^{-5}$	$1.450\,3\times10^{-4}$
1 托（1 毫米汞柱）	133.32	1	$1.333\,2\times10^{3}$	$1.315\,8\times10^{-3}$	$1.359\,5\times10^{-3}$	$1.933\,7\times10^{-2}$
1 微巴（1 达因/厘米 ^{2}）	10^{-1}	$7.500\,6\times10^{-4}$	1	$9.869\,2\times10^{-7}$	$1.019\,7\times10^{-6}$	$1.450\,3\times10^{-5}$
1 大气压	$1.013\,3\times10^{5}$	760	$1.013\,3\times10^{6}$	1	1.033 2	14.696
1 工程大气压（1 千克力/厘米 ^{2}）	$9.806\,7\times10^{4}$	735.56	$9.806\,7\times10^{5}$	$9.678\,4\times10^{-1}$	1	14.223
1 普西（1 磅/英寸 ^{2}）	$6.894\,8\times10^{3}$	51.715	$6.894\,8\times10^{4}$	$6.804\,6\times10^{-2}$	$7.030\,7\times10^{-2}$	1

2.2.2 真空的划分

真空度的划分（不同程度的低气压空间的划分）与真空技术的发展历史密不可分。通常可分为：

低真空（10^3～10^{-1} Pa）、高真空（10^{-1}～10^{-6} Pa）、超高真空（10^{-6}～10^{-10} Pa）和极高真空（低于10^{-10} Pa）。

20 世纪 70 年代进一步提高到的宽达 20 个数量级的真空度范围，并随着某些新技术、新材料、新工艺的应用和开拓，将进一步接近理想的真空状态。

2.2.2.1 描述真空物理性质的主要物理参数

（1）分子密度：用于表示单位体积内的平均分子数。气体压强与密度的关系为

$$p = nkT \tag{2-1}$$

式中，n 为分子密度，k 为玻耳兹曼常数，T 为气体温度。

（2）气体分子平均自由程：平均自由程是指气体分子在连续两次碰撞的间隔时间里所通过的平均距离。对同一种气体分子的平均自由程为

$$\lambda = \frac{kT}{\sqrt{2}\pi\sigma^2 p} \tag{2-2}$$

其中 σ 为分子直径。由式可知，气体分子的平均自由程与气体的密度 n 成反比因而它将随着气体压力的下降而增加。在气体压强低于 0.01 Pa 的情况下，气体分子间的碰撞概率已很小，气体分子的碰撞主要是其与容器器壁之间的碰撞。

2.2.2.2 真空的获得

用来获得、改善和维持真空环境的装置简称为真空泵。按照真空泵的工作原理可分为二类：一类是“排气”型或称“压缩”型真空泵。这类真空泵是利用其内部的各种压缩机构将被抽容器中的气体压缩到排气口方向，排入大气中。例如，旋片式机械泵、增压泵、油扩散泵以及涡轮分子泵等。另一类称为“吸附”型真空泵。这类真空泵是在封闭的真空系统中利用各种物理或化学表面（吸气剂）吸气的方法将被抽空间的气体分子吸附在固体表面上。例如吸附泵、溅射离子泵、钛升华泵及低温泵。真空泵若按应用范围分，则有低

真空泵（包括中真空），例如旋片式机械泵、增压泵及吸附泵等；高真空泵（包括超高、极高真空），例如油扩散泵、涡轮分子泵、离子泵及低温泵等。

真空泵常用的两个重要参量是：（1）极限真空，在被抽容器的漏气及容器内壁放气可忽略的情况下，真空泵能抽得的最高真空称为极限真空。（2）抽气速率，在给定压强下，单位时间内从泵的进气口抽入泵内的气体体积，称为泵在该压强下的抽气速率，单位为 L/s。

2.2.3　真空泵的分类

2.2.3.1　机械真空泵

机械真空泵按改变空腔容积方式分，有活塞往复式、定片式和旋片式等。它的工作原理是建立在理想气体的波意尔-马略特定律基础之上，即 $PV = RT$（P 为压强，V 为容器体积，T 为绝对温度，R 为常数），在等温过程中，一个容器内的体积和压强的乘积等于常数。这样，只要使容器的体积在等温条件下不断扩大，就可不断降低容器的压强。

图 2-1 是常用的旋片式机械真空泵的结构图，其工作过程如图 2-1 所示。

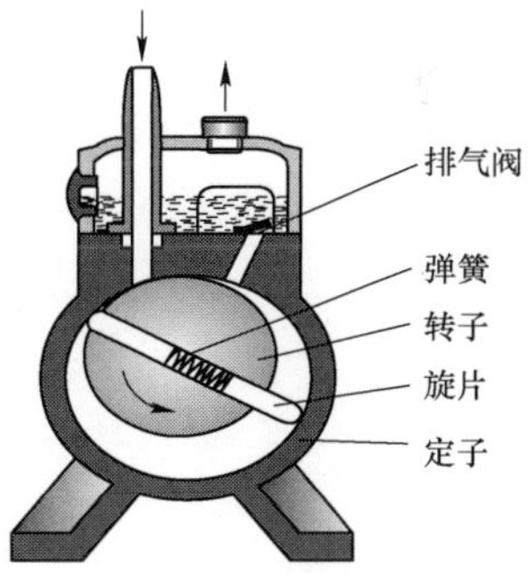

图 2-1　旋片式机械真空

当转子逆时针转动时，开始处于图 2-2（a）的位置，由进气口进入转子与定子之间部分空腔Ⅲ的体积不断扩大，而出气口与转子、定子间的部分空腔Ⅰ体积不断缩小，如图 2-2（b）；空腔Ⅰ内的体积继续被压缩，当压强大到足以推开排气阀时，气体被排出泵外；空腔Ⅱ继续传送被隔离气体，空腔Ⅲ继续抽气。转子转到图 2-2（c）时，空腔Ⅰ排气即将结束，空腔Ⅱ即将与排气口相通，开始压缩排气过程；空腔Ⅲ继续抽气。转子到图 2-2（d）的位置时，又开始重复上述过程。

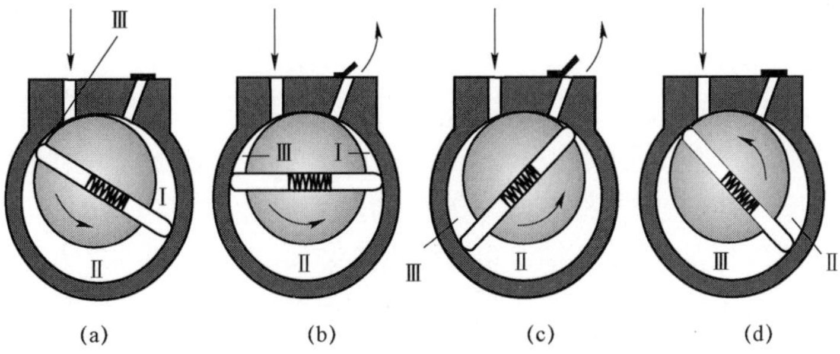

图 2-2　机械真空泵的抽气过程

机械泵具有结构简单，工作可靠的优点，机械泵可以从大气压开始进行工作，不仅可单独使用，常用来获得高真空系统的前级泵，以获得更高的真空度。机械泵一般所能达到的极限真空约为 10^{-2} Pa，但在一般实验室情况下只能达到 100～10^{-1} Pa。

2.2.3.2　油扩散泵

油扩散泵是常用的获得高真空的设备，扩散泵不能直接在大气压下工作，需要在机械泵产生的低真空条件下工作，图 2-3 为常用的油扩散泵的工作原理图。泵的上部为进气口，泵的底部为蒸发器，用来贮存硅树脂类扩散泵油（简称硅油）或其他专用的扩散泵油。当加热炉加热槽中的硅油，油蒸汽流沿管筒上升，从伞形喷嘴（三个或四个）向下高速喷出，带动气体分子，使它自上而下作定向流动，气体被迫向排气口方向运动，而被排气口的机械泵抽走，扩散泵的名称也由此而来。油蒸汽碰到有冷却水管冷却的泵壁上冷凝，油分子被冷凝为液态，沿着泵壁流回蒸发器继续循环使用，这样周而复始，从而达到连续抽气。

为了提高扩散泵的极限真空，扩散泵内通常有 3～4 个串联的喷嘴，如图 2-4 所示的是由铝合金材料制成的 3 个喷嘴的 3 级扩散泵的结构示意图。一般油扩散泵的极限真空为 10^{-4}～10^{-5} Pa。

油扩散泵的一个缺点是泵内的油蒸汽的回流容易造成真空系统的污染。由于这个原因，在材料表面分析仪器和其他超高真空系统中一般不采用油扩散泵。

使用油扩散泵时应注意几点：

（1）不能在断水时使用。油扩散泵工作时冷却水的作用很大，若水冷作用不够，就会使泵油的循环作用减弱、油蒸汽压提高而妨碍其工作。

（2）应选择适当的加热功率。加热功率过低，油蒸汽无法形成，泵不能工作；加热功率过高，使油蒸汽过热甚至分解，大大降低其性能。

（3）要保证其预备真空和前级真空，尽量避免大气冲入油扩散泵。

（4）油扩散泵停止使用时，需待工作油液冷却后才能关闭前级泵和冷却水，如有可能，将扩散泵始终保持在真空下为好，以免工作油液氧化、裂解，使得蒸汽压提高，泵的极限真空降低。如发现泵的极限真空达不到要求，可将泵拆去，倒去旧油，严格清洗并烘干，再换以新的工作油液。

2.2.3.3　涡轮分子泵

涡轮分子泵是适应现代真空技术对于无油高真空环境的要求而产生的一种高真空泵。与油扩散泵一样，涡轮分子泵也是对气体分子施加作用力，并是气体分子向特定的方向运动的原理来工作的。如图 2-4 所示，涡轮分子泵的转子叶片具有特定的形状，在它以 20 000～30 000 r/min 的高速旋转时，叶片将动量传给气体分子。同时，涡轮分子泵中装有很多级叶片，上一级叶片输送过来的气体分子又会受到下一级叶片的作用而被进一步压缩至更下一级。因此，涡轮分子泵的一个特点是其对一般气体分子的抽除极为有效。例如对于氮气，其压缩比（即泵出口的压力与入口的压力之比）可以达到 10^9。但是，涡轮分子泵抽取低原子序数气体的能力较差。例如对氢气，其压缩比仅有 10^3 左右。

由于涡轮分子泵对于气体的压缩比很高，因而其油蒸汽的回流可以完全忽略。涡轮分子泵的极限真空可以达到 10^{-8} Pa 数量级，抽速可达 1 000 L/s，而适用的压力范围在 1～10^{-8} Pa 之间。因而，在使用中多用旋片式机械泵作为前级泵。

使用涡轮分子泵应注意的几点：

（1）涡轮分子泵不能先于前级泵（机械泵）启动，停机后应立即放气，以防机械泵反油；

（2）及时加注和更新润滑油，分子泵被污染时，要及时清洗；

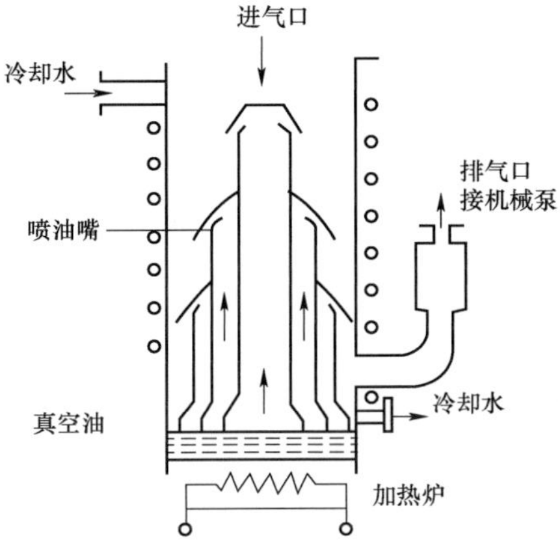

图 2-3　油扩散泵

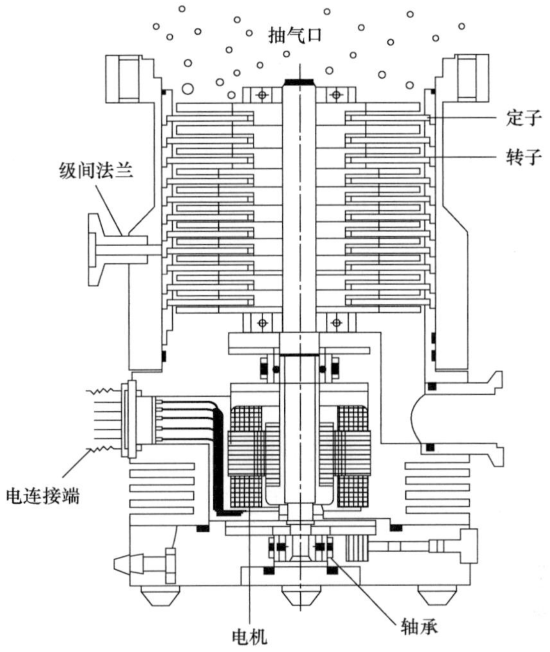

图 2-4　涡轮分子泵

（3）涡轮分子泵使用时，应避免剧烈振动，要求防止电磁干扰和强放射性辐射。

2.2.4　真空的测量

测量真空度的仪器称为真空计。能直接测得真空度的称为绝对真空计，如以水银柱面的高度差来测真空度的麦克劳真空计即属此类。绝对真空计操作复杂，一般不易连续测量，常用作计量的基准。通常使用的是相对真空计，即通过测量与真空度有关的物理量来间接地测量真空度，这种测量真空度的压强传感器称为真空规，与各种真空规相配套的真空仪都属于相对真空计，它们使用比较方便，但准确度较低而且各自的测量范围有限，而且需要用绝对真空计校准。

由于真空度覆盖了十几个数量级的范围，一种真空计难以测量如此宽范围的真空度，因此，常用不同的相对真空计来测量不同的真空度。每一种真空计都只能测量一定范围的真空度，各种真空计结合起来完成全范围内的真空度的测量。

2.2.4.1　热偶真空计

热偶真空计是常用的测量低真空的相对真空计，它由热偶规管和与之配套的测量电路构成，图 2-5 热偶规管的结构图。规管上端与要测的低真空相通，ao 和 ob 分别为康铜和镍铬丝组成的热电偶，cod 为由铂丝制成的加热用灯丝，加热电流由与 c 和 d 相联的导线从管脚通入，热电偶的热端 o 与灯丝的中部相焊接，灯丝通过加热电流时，使热端温度达到 100 ℃以上，热偶的冷端 a、b 所处的温度基本相同，并由导线从管脚引出，与测量温差电动势的测量仪器相联，测量仪器还提供稳定的灯丝加热电流（丝流），在灯丝加热电流保持一定的条件下，灯丝（即热电偶的热端）的热平衡温度取决于规管所处的真空度：真空度越高，规管内单位体积的气体分子数越少，气体导热性能越差，灯丝和热电偶热端的热平衡温度越高，热电偶冷热两端的温度差越大，温差电动势也就越大，这样由热电偶的温差电动势的大小可间接测出真空度，因为两者的关系很难通过理论计算得到，因此，一般要将热偶真空计用绝对真空计校准。热偶真空计的量程一般为 10^{-1}～10^{-2} Pa，其优点是结构简单，使用方便，缺点是稳定性差，精度不高。

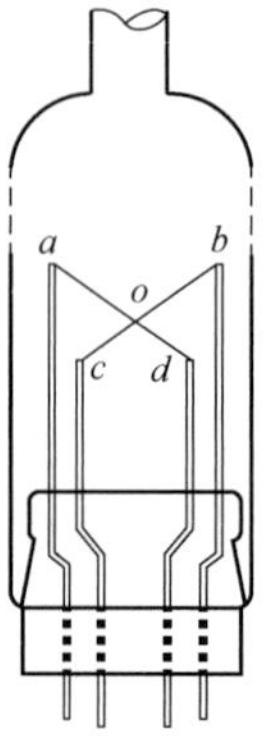

图 2-5 热偶真空计

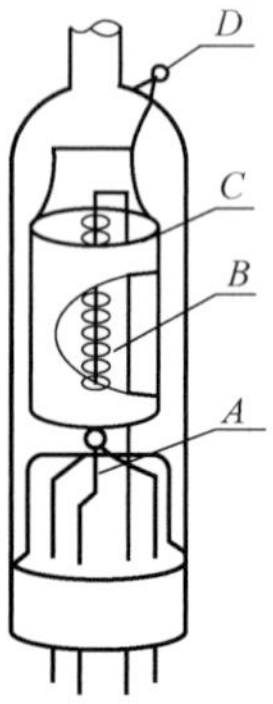

图 2-6 电离真空计

2.2.4.2 电离真空计

电离真空计是目前测量高真空的主要仪器，它由电离规管和测量仪器两部分构成，图 2-6 为电离规管的结构图，它由 I 形的灯丝（阴极）A，螺旋状的加速极（栅极）B，圆筒状的收集极（板极）C 组成。测量时，将规管上部与欲测的真空相通，加上灯丝电流，灯丝被加热而在灯丝表面形成一个“热电子气层”，加速极的电势比灯丝高，于是，热电子在加速电场的作用下飞向加速极。螺旋状的加速极绕得很疏，大部分电子穿过加速极的间隙飞向收集极，收集极的电势比灯丝低，因此，当电子靠近收集极时，减速电场可使电子反向折回，这样，电子在灯丝与收集极之间可产生次数不同的往返运动，往返中与气体分子可发生碰撞，而使气体分子电离，由一个中性分子分离为正离子和电子，正离子被处于负电势（相对于灯丝）的收集极收集形成离子电流，电子（包含由于碰撞而损失了动能的热电子）被处于正电势的加速极收集形成发射电流。实验证明，如果保持发射电流恒定，则离子电流与真空度成反比，即离子电流与待测气体的压强成正比，经过用绝对真空计的校准和定标，就可由离子电流的大小来决定真空度。一般常用的电离真空计的测量范围在 10^{-2}～10^{-5} Pa。

2.2.5 真空系统的检漏

对于一个真空容器或一个真空系统，首先应检查是否漏气。检漏的目的是确定真空系统或零部件是否漏气，找出漏孔位置以便修补。真空系统的检漏一般按下列两个步骤进行：

（1）确定是否有漏孔；（2）确定漏孔的位置及大小。

检漏的方法主要有以下几种。

2.2.5.1 压力检漏法

压力检漏法是将被检漏的真空容器充入具有一定压力的示漏物质（如水，空气等），一旦被检漏容器上有漏洞存在，示漏物质就会从漏孔中漏出。这样就可以通过一定的方法或仪器在被检容器外检测出从漏孔中漏出的示漏物质，从而判断出漏孔位置，并估计漏孔漏率的大小。

2.2.5.2　真空检漏法

真空检漏法是将被检的真空容器或真空系统与检漏仪器的敏感元件抽成真空状态，然后将示漏物质依次施加在被检容器或系统外面的可疑部位。如果被检的容器或系统存在漏孔，示漏物质（如氦气）不但会通过漏孔进入到容器或系统中去，同时也会进入到检漏仪器的敏感元件所在的空间中去，从而通过敏感元件检测出示漏物质，借以判断出漏孔存在的位置和大小。表 2-3 给出了真空检漏法中所采用的各种检漏方法及其特点和它所能达到的最小可检漏率。

表 2-2　真空检漏法类型及其最小可检漏率

检漏方法		工作压力/Pa	现象	设备	最小可检漏率/Pa・L・s^{-1}
静态升压法			抽真空后与真空泵隔离，压力上升	真空规	10^{-2}～10^{-3}
放电管法			放电颜色改变	放电管	1～10^{-1}
高频火花检漏法		10^{3}～6.7×10^{-1}	亮点、放电颜色改变	高频火花检漏器	1～10^{-1}
真空规检漏法	热传导真空规法	10^{3}～10^{-1}	真空规读数变化	热偶或电阻真空规	10^{-3}
	电离真空规法	10^{-2}～10^{-6}		电离真空规	10^{-6}
	差动热传导真空规法	10^{3}～10^{-1}		热传导真空规差动组合	10^{-4}
	差动电离真空规法	10^{-2}～10^{-6}		电离真空规差动组合	10^{-7}
	具有吸附阱的热传导真空规法	10^{3}～6.7×10^{-3}		热传导规、液氮冷却活性炭阱	10^{-4}
	具有吸附阱的电离真空规法			冷阴极电离规、液氮冷硅胶阱	10^{-8}～10^{-10}
氢-钯法		6.7×10^{-5}		钯管、电离规	10^{-4}～10^{-8}
卤素检漏仪内探头法		10～10^{-1}		卤素检漏仪	10^{-4}～4×10^{-6}
离子泵检漏法		10^{-4}～10^{-7}		离子泵	10^{-6}～10^{-9}
氦质谱检漏法		10^{-2}		氦质谱检漏仪	10^{-9}～10^{-11}

2.2.5.3　背压检漏法

背压检漏法是一种充压检漏与真空检漏相结合的方法，多用于封离后的电子器件、半导体器件等密封件的无损检漏技术中。其检漏过程基本上可分为充压、净化和检漏三个步骤。

1）充压过程是将被检件在充有高压示漏气体的容器内存放（或称浸泡）一定时间，如被检件有漏孔，示漏气体就可以通过漏孔进入被检件的内部，并且将随浸泡时间的增加和充气压力的增高，被检件内部示漏气体的分压力也必然会逐渐升高。

2）净化过程是采用干燥氮气流或干燥空气流在充压容器外部或在其内部喷吹被检件。如不具备气源时也可使被检件静置，以便去除吸附在被检件外表面上的示漏气体。在净化过程中，因为有一部分气体必然会从被检件内部经漏孔流失，从而导致被检件内部示漏气体的分压力逐渐下降，而且净化时间越长则示漏气体的分压降就越大。

3）检漏过程则是将净化后的被检件放入真空室内，将检漏仪与真空室相连接后进行检漏。抽真空后由于压差作用，示漏气体即可通过漏孔从被检件内部流出，然后再经过真空室进入检漏仪，按检漏仪的输出指示判定漏孔的存在及其漏率的大小。

2.2.5.4 对检漏方法的要求与选择

理想的检漏方法应满足以下几点要求：

1）检漏灵敏度高，反应时间短，稳定性好；

2）易于判定漏孔的位置及大小；

3）示漏物质在空气中的含量低，并易于得到，不腐蚀零件，不堵塞漏孔，不污染环境，不影响人身安全；

4）检漏范围宽，从大漏到小漏均易于找到漏孔；

5）应达到无损检漏，无油检漏以免油污染被检件；

6）结构简单，使用方便，对被检件不应有苛刻要求。

要满足上述所有条件的要求往往是相互矛盾的，因此要求只选用一种检漏方法就能同时满足所有要求是不大可能的。往往在实际的检漏工作中只能针对不同的检漏对象，选择较为合适的方法，达到能解决主要矛盾的目的即可。因此，检漏方法的选择主要应根据真空系统（或容器）的容许漏率 q_l，再结合被检件的具体情况来选择相应的方法，但是应当注意的问题是，总的容许漏气量应是几个或多个单独漏隙的漏量之总和。要想找到每个单独漏隙，则必须选用灵敏度 q_{ldmin} 比允许漏率 q_{lp} 值低 1～2 个数量级（即相当于 10～100 个缝隙）即：

$$q_{\mathrm{ldmin}} \leqslant (10^{-2} \sim 10^{-1}) q_{\mathrm{lp}}$$

此外，满足被检件的要求，简便易行，并根据现有条件考虑设备和工作特点的情况，也是在选择检漏方法中应当注意的问题。

第3章

容器清洗及主机清洗

3.1 容器的检查

3.1.1 容器定期检验的重要性

相对于运转设备，容器是一种“静止”设备，其工作条件具有以下特性：

（1）容器使用温度和压力波动大，另外容器须频繁的加载和卸压，使容器壁受到较大的交变应力。因此，在容器整体结构不连续部位（如焊缝）易产生疲劳裂纹。

（2）某些介质对器壁的腐蚀作用，使容器壁减薄，塑性、韧性下降。

（3）高温容器的器壁因长期承受高温下的压力载荷作用而产生蠕变。

（4）容器停用时封存不好，维护保养不当，器壁内、外部均受到腐蚀。此外，在制造中的一些加工缺陷和残余应力，都是隐患。

由于上述种种因素，对即使制造质量安全符合规范和标准的容器，经过一段时间使用后，总会存在或出现某些安全隐患，如不及时消除将会酿成事故。因此，只有通过定期检验，才能及早发现和消除缺陷，从而保证容器安全运行。

3.1.2 容器常见缺陷

在用容器必须定期地进行技术检验，其目的在于能及早发现容器存在的早期缺陷，及时消除隐患，以防止缺陷发展为破坏事故。容器常见缺陷有：

（1）腐蚀

容器在使用过程中最易产生的一种缺陷，它是由于容器与所接触的介质产生化学或电化学所致。就腐蚀的剖坏形态而言，常见的铀均与腐蚀、坑蚀、点蚀、应力腐蚀、晶间腐蚀、腐蚀疲劳和氢损伤。但不论属何种形式的腐蚀，严重时都会导致容器的失效或破坏。

（2）裂纹

裂纹是容器中最危险的一种缺陷，是导致容器发生脆性破坏的主要因素，同时，它还加速容器的疲劳破裂和腐蚀破裂。压力容器中的裂纹包括腐蚀裂纹和疲劳裂纹。

腐蚀裂纹是腐蚀介质在一定的操作压力、温度下对材料产生腐蚀而逐渐形成的一种裂纹。这种裂纹往往与应力有关。应力与腐蚀相互促进，腐蚀在材料表面形成缺口或使原有的缺口扩大而产生应力集中，或者削弱金属的晶间结合力，应力则加速腐蚀的进展。腐蚀裂纹的产生必须具备一定的条件（介质、温度、压力），而且也只能在某一类材料而不是所有材料中都能产生。

疲劳裂纹是因为容器的结构不合理或材料存在缺陷，造成局部应力过高。因而在容器经过多次的加压和卸压之后而产生的裂纹。这种裂纹由产生到扩展以致断裂，一般都需要经过多次的反复变载。所以，在一些升停频繁的容器，在定期检查中常常发现这种裂纹。

（3）变形

变形是指容器经使用后，整体或局部地方发生几何形状的改变。容器的变形一般可以表现为局部凹陷、鼓包和整体扁瘪等几种形式。

局部缺陷是容器壳体或封头的局部区域受到外力的撞击，顶压而发生的表现凹坑，一般发生在壁厚较薄的容器上。凹陷一般不引起容器壁厚的改变，只能使某一局部表面失去原有的几何形状。

鼓包常常是由于容器的某一部分承压面发生了严重的腐蚀，壁厚显著减薄，在内压作用下发生向外凸变。个别情况下也可因容器的局部温度过高，以致材料的机械性能降低而产生局部鼓包。鼓包变形将使容器该处的壁厚进一步减薄。

整体扁瘪是因为承受外压容器壁厚太薄，在外力作用下失去稳定性而改变了原来的形状，扁瘪变形一般都是以有规则的波浪形式向内凹瘪，波形数可以是好多个，因此变形后的圆筒壳体可以成为扁椭圆形或梅花形等形状。

3.1.3 容器常见检验方法

对压力容器进行检查，常用的检验方法有直观检查、工器具检查、无损探伤和耐压试验。

（1）直观检查是最基本的检查方法，通过检查，从整体上掌握容器的质量状况。在此基础上再确定是否需要在某些部位进行工器具检查及其他方法检查。因此，直观检查是进一步进行一期检查的基础。

检查内容包括：容器壳体有无整体变形和凹陷、鼓包等局部变形，容器壁内外表面有无腐蚀、裂纹及损伤，有无成型组装缺陷和焊接缺陷等。检查主要用眼睛观察，也可借助小锤、放大镜、反光镜、内窥镜及手电筒等工具进行检查。检查方法一般是先用眼睛对容器进行整体检查及受压元件、焊缝进行检查。在目测检查时，为了能有效地观察到器壁表面变形、腐蚀凹坑等缺陷，可用手电筒的单束光线照射，这样较易暴露表面缺陷。

（2）工器具检查

采用工具、量具或仪器对容器进行检查并测量缺陷尺寸是直观检查的补充。工器具检查主要利用各种不同的工量具对容器内、外表面进行直接检测，确定各部位的尺寸是否符合规定，表面腐蚀面积的深度等变形成程度。

（3）对容器进行耐压试验，试验方法按照相应规程执行。

3.1.4 容器清洗后内表面的检查处理

UF_6容器的清洁度是核工业极为关切的问题。因为UF_6与烃油类和其他某些杂质反应是相当剧烈的，并能引起严重的爆炸事故，同时UF_6的纯度也将会受到不利的影响。

不论是新 UF_6 容器，还是在使用中的 UF_6 容器，它的清洁度是首要问题。为安全起见，必须十分小心防止烃油类物质进入容器中。不要试图用没有装配足够容积回油箱的含油类真空泵来抽容器中的空气、以防止停泵情况下油回流到容器中。

为了确保容器清洗后的清洁度，需对容器内表面进行检查。一般采用内窥镜等工具对容器内表面进行检查，确保容器内部无油脂、油污、污垢、水分等。若容器内表面检查不符合要求，需对容器重新进行清洗使内表面符合要求为止。

3.2　金属材料的基础知识

3.2.1　金属材料的分类方法

金属材料分为两大类：即黑色金属与有色金属。

（1）黑色金属元素：铁、锰、铬。

（2）有色金属元素：除上述三种元素外，其余称为有色金属元素。

通常将以铁、锰、铬为基的合金称为黑色金属，以铁为基的合金称为钢，以其余金属元素为基的合金称为有色金属。

（3）按冶炼方法分类：

工业用钢可分为平炉钢、转炉钢和电炉钢三大类，每一类还可以根据炉衬材料不同分为碱性和酸性两类；电炉钢还可以分为电弧炉钢、感应炉钢、真空感应炉钢和电渣炉钢。

（4）按用途分类：

按钢用途可分为结构钢、工具钢和特殊钢。结构钢可分为两类，一类是建筑及工程用钢或构件用钢，另一类是机器制造用钢。前者主要和做钢架、桥梁、钢轨、车辆、船舶、容器等，属于这类钢的有普通碳素钢和部分普通低合金钢，这类钢很大一部分做成钢板和型钢；后者主要用作各种机器零件，包括轴承、弹簧等。工具钢分为量具刃具钢、冷模具钢、热模具钢、耐冲击工具用钢等。特殊性能钢分为耐热钢（包括抗氧化和热强钢），不锈耐酸钢、电工用钢等。

（5）按金相组织分类：

① 按平衡状态或退火状态的组织分类，可分为亚共析钢，共析钢，过共析钢和莱氏体钢。

② 按正火组织为类，可分为珠光体、贝氏体钢、马氏体钢和奥氏体钢。但由于正火控冷的冷却速度随钢材尺寸不同而不同，所以这类分类方法不是绝对的。

③ 按加热冷却时有无相变和室温时的金相组织分类：

——铁素体钢：加热和冷却时，始终保持铁素体组织。

——奥氏体钢：加热冷却时，始终保持奥氏体组织。

——马氏体钢：钢加热奥氏体化后快速冷却中，在低温（奥氏体向马氏体转变开始温度 Ms 线之下）连续冷却时，过冷奥氏体组织转变为马氏体组织，室温时仍保持马氏体组织。

——双相钢：室温时在固溶组织中铁素体和奥氏体相约各占一半或较少相的含量在

30%以上，兼有铁素体组织和奥氏体组织。

（6）金属材料的表示方法

钢的编号方法：根据国标《钢铁产品牌号表示方法》（GB/T 221—2000）的规定，一般采用汉语拼音字母、化学元素符号和阿拉伯数字相结合的方法表示。世界各国的钢号表示方法不一致，主要由于习惯上各自采用本国的国家标准，某部门标准或协会团体标准中的钢号表示方法，这给技术交流等带来很大的不便。

有色金属的编号方法：有色金属及其合金编号方法与钢的编号方法大致相同，都是采用汉语拼音字母，化学元素符号和阿拉伯数字相结合的方法表示。由于铝合金与钛合金分类方法相对简单，放在铝合金和钛合金的材料牌号中一般不出现化学元素符号。

3.2.2 钢铁材料的耐腐蚀性能

3.2.2.1 碳素结构钢

碳素结构钢的耐蚀性与含碳量，金相组织（与热处理有关）及介质的性质这三个方面的因素有关。压力容器用碳素结构钢的基本成份是铁和不大于 0.25%的碳，基本组织是体素体和渗碳体。其在腐蚀性介质中发生腐蚀时，总是以渗碳体为微阴极（电位较正）从而使铁素体（电位较负）发生腐蚀。如果含碳量越高，则渗碳体微阴极数量也越多，因此在酸性介质中，退火状态的碳素结构钢其腐蚀速度随含碳量的增加而加快。

热处理制度对碳素结构钢的耐蚀性有较大的影响，因为不同的热处理制度可以导致晶粒大小和金相组织不同。一般来讲晶粒越粗大，腐蚀速度越慢。在碳素结构钢的所有组织中，马氏体的腐蚀速度最低，因为它是碳的过饱和固容体。碳在其中不起阴极作用，腐蚀应因为应力、不同晶面等不均匀引起的。当腐蚀发生后残留在表面的碳才起到阴极的作用，马氏体随着回火温度的提高，碳化物从马氏体中不断析出，腐蚀速度不断增大，当回火达到 400 ℃左右时，使腐蚀速度达到最大，回火温度再高则腐蚀速度下降。

3.2.2.2 低中合金结构钢

在钢中加入一种或几种适量的合金元素，可使钢的耐大气腐蚀，海水腐蚀和淡水腐蚀的能力得到提高；加入适当的铬、磷和镍等，提高酸、碱的耐蚀能力。同时提高抗腐蚀疲劳的性能。

3.2.2.3 不锈钢

不锈钢是指在一般的腐蚀介质中具有良好抗蚀能力的钢，其中有些对强腐蚀性介质具有耐蚀能力，故又称不锈耐酸钢。

（1）不锈钢中合金元素主要有铬、镍、锰、钼、钛、铝、铜和氮等，其中最主要的是铬，而且只有铬含量超过一定数量时，才能构成不锈钢。铬的含量最少是 11%，一般不锈钢中铬的含量都在 13%以上，不锈钢的种类很多，大致可分为马氏体型不锈钢，铁素体型不锈钢，奥氏体型不锈钢，奥氏体铁素体型双相不锈钢和沉淀硬化型不锈钢。

马氏体不锈钢：包括常用的 1Gr12、Gr13 系列、3Gr16、7Gr17 和 1Gr17Ni2 等。这类不锈钢的耐蚀性不如铁素体和奥氏体型不锈钢，一般用于有强度、硬度、韧性及耐蚀性综合要求的场合，其在海水、大气及氧化性介质中的耐蚀性较好，但在盐酸和硫化氢等介质中的耐蚀性较差。热处理制度对其耐蚀性影响较大，如 Gr13 系列不锈钢经 1 000 ℃左右淬火后，可提高其耐蚀性。

（2）铁素体不锈钢：包括 0Gr13Al、00Gr12、1Gr15、1Gr17、1Gr17Mo、00Gr18Mo2、00Gr27 Mo 等，由于其大多数含铬量较高，所以具有良好的耐蚀性和抗高温氧化性，但不能热处理强化，强化比马氏体型不锈钢低，容易变脆，对缺口敏感、塑性差且不易焊接，所以冷热加工性都不够好，可用于制作耐大气腐蚀、耐能硝酸的设备以及抗高温氧化和耐气态硫腐蚀的零部件，铁素体型不锈钢抗应力腐蚀能力较高，在某些介质特别是氯化物水溶液中，抗应力腐蚀性能比 18-8 型奥氏体不锈钢还要好。

（3）奥氏体型不锈钢：铬镍不锈钢是常用的奥氏体不锈钢，其中铬含量一般在 18%以上，镍含量在 8%以上，我国目前常用的有 0Gr18Ni9Ti、0Gr18Ni10Ti、0Gr18Ni11Nb 等，这类不锈钢不但耐蚀性和抗高温氧化性好，而且冷、热加工性能和焊接性都比较好，因此用途比较广泛。奥氏体不锈钢在空气温 850 ℃以下的高温空气介质中耐蚀性很好，在大多数无机酸、有机酸、碱和煤气等介质中均有良好的耐蚀性，而在硫酸和盐酸中耐蚀性较差，但如果其中镍含量大于 10%以上或含有 2.45%的铜或含有 3.5%的钼，都可以使其在硫酸中的耐蚀性大大提高，镍含量的增加也使不锈钢在盐酸中的耐蚀性有明显提高。

（4）奥氏体体素铁型双相不锈钢：该钢主要包括：0Gr26W15Mo2、00Gr18Ni15Mo3Si2、1Gr21N15Ti、1Gr18Ni11Si4AlTi 等，这类钢晶间腐蚀倾向较小。

（5）沉淀强化型不锈钢，常用的钢中 0Gr17Ni17Al 此类钢可以通过热处理进行强化，因此具有很高的强度和硬度，同时好具有良好的加工性能和耐腐蚀性能，但在恶劣腐蚀条件下，其耐蚀性不如奥氏体型不锈钢，因此常用在腐蚀条件不太苛刻以及要求耐摩擦或耐冲刷的部位。

3.2.2.4 工艺性能

（1）焊接性，金属材料焊接性是指被焊接金属在一般焊接工艺条件下，获得优质焊接接头的能力。在焊接过程中有些材料容易产生某些焊接缺陷，如气孔，夹渣，裂纹等，并使焊缝和近缝区性能变化，所以往往需要特殊的工艺措施，应用特定的焊接方法，才能保证焊接质量。

（2）可锻性，金属可锻性是衡量其经受锻压难易程度的工艺性能。可锻性的优劣以金属的塑性和变形抗力来综合评定。塑性高则金属变形不易开裂，变形抗力小则锻压省力，而且不易磨损工具和模具，这样的金属具有良好的可锻性。

金属元素含量越多，金属的可锻性就越差，金属的结晶组织与可锻性有很大关系。由单一固溶体组成的合金，都有较好的可锻性。如果合金中含有多种性能不同的组织，则锻压时由于各组织变形不均就容易开裂，因此锻造大都是在高级单一奥氏体区进行。

3.3 螺纹基础知识

3.3.1 国标螺纹的一般知识

3.3.1.1 螺纹的分类

（1）螺纹分内螺纹和外螺纹两种；

按牙形纷可分为：1）三角形螺纹 2）梯形螺纹 3）矩形螺纹 4）锯齿形螺纹；

（2）按线数分单头螺纹和多头螺纹；

（3）按旋入方向分左旋螺纹和右旋螺纹两种，右旋不标注，左旋加 LH，如 M24 × 1.5LH；

（4）按用途不同分有：米制普通螺纹、用螺纹密封的管螺纹、非螺纹密封的管螺纹、60° 圆锥管螺纹、米制锥螺纹等。

3.3.1.2 米制普通螺纹

米制普通螺纹用大写 M 表示，牙型角 $2\alpha = 60°$（α 表示牙型半角）。米制普通螺纹按螺距分粗牙普通螺纹和细牙普通螺纹两种。

粗牙普通螺纹标记一般不标明螺距，如 M20 表示粗牙螺纹；细牙螺纹标记必须标明螺距，如 M30 × 1.5 表示细牙螺纹、其中螺距为 1.5。

普通螺纹用于机械零件之间的连接和紧固，一般螺纹连接多用粗牙螺纹，细牙螺纹比同一公称直径的粗牙螺纹强度略高，自锁性能较好。

米制普通螺纹的标记：M20-6H、M20 × 1.5LH-6g-40，其中 M 表示米制普通螺纹，20 表示螺纹的公称直径为 20 mm，1.5 表示螺距，LH 表示左旋，6H、6g 表示螺纹精度等级，大写精度等级代号表示内螺纹，小写精度等级代号表示外螺纹，40 表示旋合长度。

表 3-1 常用米制普通粗牙螺纹的直径/螺距

公称直径	螺距 *P*	铸铁底孔	碳钢底孔	外螺纹光标直径	公称直径	螺距 *P*	铸铁底孔	碳钢底孔	外螺纹光标直径
M5	0.8	4.1	4.2	4.9	M24	3	20.8	21	23.7
M6	1	4.9	5	5.9	M27	3	23.8	24	26.7
M8	1.25	6.6	6.7	7.9	M30	3.5	26.3	26.5	29.6
M10	1.5	8.3	8.5	9.8	M33	3.5	29.3	29.5	32.6
M12	1.75	10.3	10.4	11.8	M36	4	31.7	32	35.5
M14	2	11.7	12	13.7	M42	4.5	37.2	37.5	41.5
M16	2	13.8	14	15.7	M48	5	42.5	43	47.5
M18	2.5	15.3	15.5	17.7	M56	5.5	50	50.5	55.5
M20	2.5	17.3	17.5	19.7	M64	6	57.5	58	63.5

3.3.1.3 用螺纹密封的管螺纹（GB 7306 与 ISO7/1 相同）

用螺纹密封的管螺纹不加填料或密封质就能防止渗漏。用螺纹密封的管螺纹有圆柱内螺纹和圆锥外螺纹、圆锥内螺纹和圆锥外螺纹两种连接形式。压力在 5×10^5 Pa 以下时，用前一种连接已足够紧密，后一种连接通常只在高温及高压下采用。

用螺纹密封的管螺纹内螺纹有圆锥、圆柱两种形式。外螺纹只有圆锥一种形式。

牙型如下：锥度 1:16，牙形角 55°，旧螺纹标准示例：ZG3/8；

标记示例：圆锥内螺纹 Rc 3/8

圆柱内螺纹 Rp 3/8

圆锥外螺纹 R 3/8

当螺纹为左旋螺纹时　Rc 3/8-LH（LH 表示左旋螺纹），GB 7306 规定的标记方法与 ISO7/1 的规定是一样的。

（1）360° 圆锥管螺纹（GB/T 12716-91）

该螺纹等效于美国国家标准 ANSI B1.20.1 中 NPT 螺纹部分。只有圆锥内螺纹和圆锥外螺纹一种连接形式。

60° 圆锥管螺纹与 55° 圆锥管螺纹的相同点：

螺纹本身具有密封性。

圆锥角：1.16。

通过控制基面距离（基准长度）来控制直径尺寸。

允许在螺纹副内加入密封物。

60° 圆锥管螺纹与 55° 圆锥管螺纹的不同：

表 3-2　60° 圆锥管螺纹 55° 圆锥管螺纹

项目	60° 圆锥管螺纹	55° 圆锥管螺纹
标记	NPT 3/8	Rc 3/8、Rp3/8、R3/8
牙型角	60°	55°
公差要求	高	低
用途	汽车、飞机、机床中管路连接	水、煤气等低压管路系统

注：代号 NPT 即旧标准代号 Z。

（2）非螺纹密封的管螺纹（GB 7307）

该螺纹标准与 ISO 228/1 相同。

牙型角：555°，锥度：1:16。

标记示例：

11/2 左旋内螺纹　　　　G11/2 -LH（右旋不标）

11/2 A 级外螺纹　　　　G11/2 A

11/2 B 级外螺纹　　　　G11/2 B

内螺纹装配　　　　　　G11/2 /G11/2 A

用途：非螺纹密封的管螺纹主要用于压力较低的不、煤气管道，连接时就加填料或密封质（麻丝、铅丹、聚四氟乙烯胶带等），以防止渗漏。

非螺纹密封的管螺纹与用螺纹密封的管螺纹相同点是：两者牙型一样均为 55°，相同规格螺纹的螺距、牙高、基本直径相同。

非螺纹密封的管螺纹与用螺纹密封的管螺纹不同点是：用螺纹密封的管螺纹内螺纹有圆柱螺纹和圆锥螺纹两种形式，外螺纹只有圆锥螺纹一种形式。非螺纹密封的管螺纹不论内外螺纹都只有圆柱螺纹一种形式。两种螺纹部分规格的公差不同。

非螺纹密封的内圆柱管螺纹可以和用螺纹密封的外圆锥管螺纹相连接，但非螺纹密封的外圆柱管螺纹却不可以和用螺纹密封的内管螺纹形成用螺纹密封的连接。

（3）米制锥螺纹（GB1415）

标记：ZM10、ZM10-S、ZM10/ZM10、ZM10/ZM10-S。ZM-米制锥螺纹的标记代号；标准基准距离时，省略基准距离代号；S-短基准距离。

用途：适用于气体或液体管路系统依靠螺纹密封的连接螺纹（水、煤气管道用管螺纹除外），必要时允许在螺纹配合面间加密封填料提高其密封性。

表 3-3　公径直径/螺距

直径	6，8，10	12，14，16，18，20，22，24	27，30，33，36，39，42，45，48，52，56，60
螺距	1	1.5	2

（4）美国标准管螺纹

标准：ANSI B1.20.1 美国标准管螺纹。美国标准管螺纹不仅用于压力较低的水、煤气管道，也同时用于高温、高压系统。就管螺纹而言，目前在世界范围内形成了以 ISO 标准为一方，以美国标准为另一方的两大管螺纹标准体系。

螺纹类型

基本牙型：牙型角 60°。锥度 1:16。牙型为平顶平底。

基本类型：NPT　　一般用途的美国标准锥管螺纹

NPSC　　管接头用美国标准直管螺纹

NPTR　　导杆连接用美国标准锥管螺纹

NPSM　　设备上的自由配合机械连接用美国标准直管螺纹

MPSL　　锁紧螺母的松配合机械连接用美国标准直管螺纹

UNS　　薄壁管用特殊统一螺纹

一般用途的锥管螺纹 NPT，标记：$^{3}/_{8}$-18NPT。基本中径和基准距离：锥管螺纹的基本中径是根据管子外径、螺距和手旋合长度确定的，内外螺纹之间用手旋合的公称长度为基准距离，内螺纹的基面为螺纹大端处截面（该截面上的螺纹中径为基本中径），外螺纹基面在离小端距离为基准距离处。

表 3-4　常用螺纹尺寸

尺寸代号	每寸牙数	大径	中径	小径	建议底孔	基准距离	牙数
1/8	27	10.242	9.489	8.736	ϕ8.6	4.102	4.36
1/4	18	13.616	12.487	11.358	ϕ11.1	5.786	4.10
3/8	18	17.055	15.926	14.797	ϕ14.5	6.096	4.32
1/2	14	21.223	19.772	18.321	ϕ17.9	8.128	4.48
3/4	14	26.568	25.117	23.666	ϕ23.2	8.611	4.75
1	11.5	33.228	31.461	29.694	ϕ29.2	10.160	4.60
1-1/4	11.5	41.985	40.218	38.451	ϕ37.9	10.668	4.83
1-1/2	11.5	48.054	46.287	44.520	ϕ43.9	10.668	4.83

管接头用直管内螺纹 NPSF。

该螺纹与标准锥管螺纹装配时，能形成耐压密封连接，但只在压力较低的情况下才采用。

标记示例：$\frac{1}{8}$-27NPSF，导杆连接用锥管螺纹 NPTR，NPTR 螺纹的牙型与标准锥管螺纹是一样的。导杆连接要求用内、外锥螺纹形成一个刚性的机械螺纹连接。标记示例：$\frac{1}{2}$-14NPTR 机械连接用直管螺纹 NPSM、NPSL。设备上自由配合的机械连接，内、外螺纹均采用 MPSM 螺纹；带锁紧螺母的松配合机械连接，内、外螺纹均采用 NPSL 螺纹。

标记示例：$\frac{1}{8}$-27NPSM，$\frac{1}{8}$-27NPSL。

薄壁管用特殊统一螺纹 UNS，对一般用途的薄壁管，推荐采用 27 牙系列、1/4 至 1 英寸的特殊统一螺纹 UNS，螺纹等级为 2A 和 2B 级，UNS 螺纹牙型采用统一螺纹牙型。标记示例：$\frac{1}{4}$-27UNS-2A，完整螺纹的最小长度 = 1/3 基本大径 + 0.185 英寸（5 牙）。

（5）干密封式美国标准管螺纹

标准：ANSI B1.20.3 干密封式美国标准管螺纹。干密封式管螺纹主要用于冷却器、船舶、汽车及飞机的燃油和润滑油管路接头、加油放油塞、军用毒气弹等。干密封式管螺纹的特点是控制牙顶和牙底的削平量，以保证牙顶牙底外金属和金属的接触首先发生或与侧面接触同时发生。牙顶和牙底的接触可以防止螺纹渗漏，并保证在不使用润滑剂和密封填料的情况下形成密封紧密连接。干密封式内管螺纹可以是圆柱形的，也可以是圆锥形的。而干密封式外管螺纹仅有圆锥形一种。所有干密封式管螺纹均为右螺纹。

干密封式螺纹（NPTF）与标准管螺纹（NPT）相同点是：两者型一样。不同点是：螺纹牙高 h 不一样。NPTF 内、外螺纹之间没有间隙，而 NPT 的内、外螺纹之间可能有过盈也可能有间隙。NPT 内、外螺纹均为圆锥形，而 NPTF 外螺纹为圆锥形，内螺纹有圆锥形和圆柱形两种。NPT 有右旋和左旋两种螺纹，而 NPTF 只有一种右旋螺纹。ISO 标准中没有与美国干密封式管螺纹对应的标准。我国的米制锥螺纹（GB/T 141592）与美国干密封式管螺纹概念相近。

干密封式管螺纹的四种类型：

干密封式美国标准管螺纹 NPTF

干密封式 SAE 短锥管螺纹 PTF-SAE　SHORT

干密封式美国标准燃油用直管内螺纹 NPSF

干密封式美国标准普通直管内螺纹 NPSI

（6）美国统一螺纹标准（UN 系列螺纹）

标准：ANSI B1.1 美国统一螺纹标准

统一螺纹（UN）：1948 年 11 月 18 日美国、英国和加拿大三国标准机构代表在华盛顿签订了协议，使三国的英制普通螺纹一致，这便是所谓的统一螺纹。统一螺纹的美国标准是 ANSI B1.1，英国标准是 BS 1580。统一螺纹牙型，牙型角：60°，牙顶宽度：0.25P；牙底宽度：0.125P；牙底形状呈圆弧形。统一螺纹直径/螺距系列，统一螺纹直径/螺距组合按螺距分级有 3 个系列，即粗牙 UNC、细牙 UNF 和特细牙 UNEF 系列；不变螺距有 8 个系列，即 4UN、6UM、8UN、12UN、16UN、20UN、28UN 和 32UN 系列。

（7）统一螺纹的选择及应用

UNC 粗牙螺纹系列

该系列通常在批量生产的螺栓、螺钉、螺母和其他一般工程上采用。低搞拉强度的材料，如铸件、低碳钢和其他软材料上加工的内螺纹应采用粗牙螺纹，以使内螺纹获得最佳的脱扣强度。UNC 螺纹适用于要求快速拆或有可能产生腐蚀和轻微损伤的部位。

UNF 细牙螺纹系列

该系列适用于不宜采用粗牙螺纹的螺栓、螺钉、螺母和其他应用场合。UNF 外螺纹具有比粗牙螺纹大的抗拉应力面积。当要求外螺纹和相配内螺纹的脱扣强度等于或高于外螺纹零件的抗拉承载能力时，宜采用细牙螺纹。细牙螺纹还适用于短旋合长度、小螺纹升角或壁厚要求细牙螺距的场合。若外螺纹的最大强度没有要求，则细牙螺纹也可用于低强度材料上加工的内螺纹，但必须选择合适的旋合长度，以满足上述脱扣强度要求。

尺寸小于和等于 1 英寸的细牙螺纹适用于螺栓、螺钉、螺母和其他螺纹紧固件。尺寸大于 1 英寸，细牙螺纹不适用，除非内外螺纹的材料相同。

UNEF 超细牙螺纹系列

该系列适用于薄壁管、薄螺母、短套筒或短接头等要求短旋合长度和更小螺距的场合。一般来说，它也适用于上面对细牙螺纹规定的几种情况。

UN 不变螺距系列

每英寸 4、6、8、12、16、20、28 和 32 牙的各种不变螺距系列为 UNC、UNF 和 UNEF 系列无法满足的特殊设计要求提供了范围很广的直径/螺距组合。不变螺距系列用于多次装拆的零件或利于重新翻修螺纹的零件。从不变螺距系列中选择螺纹时，应尽可能优先选择表列的 8、12 或 16 牙系列。

高温高强度使用场合

对这些使用场合，尺寸为 0.25～1 英寸的螺纹建议采用粗牙螺纹系列，而尺寸大于 1 英寸的，最好采用 8 牙系列。

统一螺纹的螺纹等级、标记方法及极限尺寸等级：统一螺纹规定了六个不同的等级，即 1A，2A、3A（外螺纹）和 1B、2B、3B 级（内螺纹）。其中尾标 A 和 B 分别指外螺纹和内螺纹。

1A 和 1B 级螺纹是针对武器装备和某些特殊使用要求规定的，即要求简便迅速装配或螺纹有轻微损伤和污迹也能装配的场合可以采用这种螺纹。

2A 和 28 级螺纹是一般用途的螺栓、螺钉、螺母和类似的螺纹紧固件上最常用的标谁螺纹。

3A 和 3B 级螺纹用于螺纹配合的松紧度和导程、半角的精度要求较高的场合。3A 和 3B 级螺纹只有用高精度的设备、有效的测量和检测手段才能获得。

标记示例：1-12 UNF-A（1 英寸 12 牙，A 表示外螺纹，B 表示内螺纹）。

3.4　容器组装试验

3.4.1　容器组装前应进行的检查和准备工作

3.4.1.1　容器内表面的检查

为了确保容器清洗后的清洁度，需对容器内表面进行检查。一般采用内窥镜等工具对容器内表面进行检查，确保容器内部无油脂、油污、污垢、水分等。若容器内表面检查不符合要求，需对容器重新进行清洗使内表面符合要求为止。

3.4.1.2　阀门及堵头的准备

容器阀门及堵头清洗合格后，对其进行挂锡处理，所用的镀锡焊剂必须是适用于铝青铜合金的。不得为使装配容易而使用其他任何材料。挂锡应薄而均匀，螺纹根部应填满一半锡。挂锡完成后，对阀门进行检修，采用氦气质谱探漏仪对阀门进行探漏，漏率符合标准为合格。

镀锡的方法：将锥形螺纹浸入盛有焊料的坩锅中，坩锅应保持适当的温度。入口处必须堵塞，以防焊料和焊剂进入孔中，进入孔中的焊料和焊必须清除干净。阀体在浸入盛有焊料的坩锅中之前必须预热。过量的焊料必须除掉。在清除过量的焊料之前，使阀门冷却，但不要骤冷。所有微量焊剂必须清除干净。

3.4.2　容器容器阀门、堵头的安装

容器阀门和堵头挂锡检修合格后进行组装。阀门螺纹啮合最少 7 扣，最多 12 扣，扳手作用在阀体上的力矩最小 270 N • m，最大 540 N • m。堵头螺纹啮合最少 5 扣，最多 8 扣，其力矩最小 200 N • m，最大 900 N • m。

1. 阀门、堵头组装力矩解释

在美国国家标准 ANSI N14.1-2001《六氟化铀-运输包装》中对 30B 容器阀门、堵头的装配作了如下规定。

通常在钎焊和装配前，必须将阀门进行解体并清洗。阀门与插入管螺纹应用特种焊料均匀地挂上一层锡。阀门螺纹啮合最少 7 扣，最多 12 扣；扳手作用在阀体上的力矩最小 200 英尺-磅，最大 400 英尺-磅。堵头螺纹啮合最少 5 扣，最多 8 扣；其力矩最小 150 英尺-磅，最大 650 英尺-磅。

在上述规定中，“扳手作用在阀体上的力矩最小 200 英尺-磅，最大 400 英尺-磅”和“其力矩最小 150 英尺-磅，最大 650 英尺-磅”。这与《容器组装测量操作规程》规程中规定的“阀门安装力矩 270～540 N •m，堵头安装力矩 200～900 N •m”力矩大小基本一致，计算过程如下：

$$1\ \text{英尺} = 0.304\,8\ \text{m}$$

$$1\ \text{磅} = 0.453\,592\ \text{kg} = 4.445\,202\ \text{N}$$

$$200\ \text{英尺-磅} = 200 \times 0.304\,8 \times 4.445\,202 = 270.979\,5\ \text{N} \cdot \text{m}$$

$$400\ \text{英尺-磅} = 400 \times 0.304\,8 \times 4.445\,202 = 541.959\ \text{N} \cdot \text{m}$$

150 英尺-磅 = 150 × 0.304 8 × 4.445 202 = 203.234 6 N • m

650 英尺-磅 = 650 × 0.304 8 × 4.445 202 = 880.683 4 N • m

2. 堵头安装啮合扣数解释

产品容器所用堵头螺纹为 1-11$\frac{1}{2}$NPT，该螺纹的螺距为 2.209 mm，其工作长度为 17.5 mm，管端至基面的距离为 10.160 mm，最小扣数为 10.160/2.209 = 4.6 扣，最大扣数 17.5/2.209 = 7.9 扣。

3. 阀门安装啮合扣数解释

产品容器所用阀门螺纹为 1-11$\frac{1}{2}$NPT，NGT，NGT 螺纹的工作长度比 NPT 螺纹的工作长度长（2.5～3）P（P 为螺距）。因此阀门安装啮合扣数要比堵头啮合扣数大。

3.4.3　容器的气密性试验和真空试验

3.4.3.1　容器的气密性试验

产品容器安装了阀门和堵头以后进行气密试验，所有阀门和堵头都要符合设计要求（包括镀锡）。进行气密试验的介质为干燥无油压缩空气或干燥氮气，温度不得低于 15 ℃。

气密性试验系统流程图见下图 3-1。气密性试验时压力应缓慢上升至 0.05 MPa，保压 5～10 min，并对所有焊缝和连接部位进行初次检查，如无漏，可继续缓慢升压至设计压力，保压 30 min，进行容器连接部位检查。

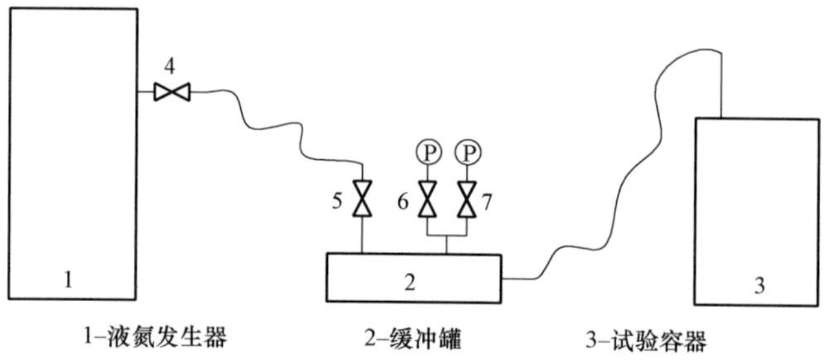

图 3-1　气密试验系统流程图

（1）气密试验应为组装合格容器。

（2）气密试验容器应用专用支架放置平稳。

（3）按照气密试验连接示意图进行连接，连接时所有阀门应处于关闭状态。

（4）正确操作液氮发生器，再依次打开 5#、4#阀，向容器内充压，达到实验台阶时关闭 5#阀稳压，检查无异常后打开 5#阀继续升压。

（5）缓慢升压至试验压力关闭 5#阀，稳压 30 min。

（6）稳压时用皂液检查系统及容器连接处是否有漏。

（7）断开液氮发生器，打开 5#阀卸压，卸压时在有排风处缓慢卸压，严禁急剧排气，未经清洗的检修容器做气密试验后，卸压时需经局排系统净化。

（8）试验完毕后应妥善放置专用打压连接装置，以防止损坏和丢失。

（9）气密试验过程中，符合协列条件为合格：

① 经肥皂水或其他检漏液检查无漏气；

② 压力表指示无变化。

3.4.3.2　容器的真空试验

真空试验工作原理

采用静态升压法进行测量，对组装合格的容器进行抽空测量，测量容器中的压强变化，由于体积 V 是定值，在不考虑温度变化的情况下，在一定的时间间隔测量压力的增量 ΔP，就能决定被测容器的漏量是否合格。

漏量测量可根据下式计算：

$$P=(P_1V_1+P_2V_2)/(V_1+V_2)$$

上式中：

P 为测量压力，单位为 Pa；

P_1 为测量干管压力，单位为 Pa；

P_2 为被测容器压力，单位为 Pa；

V_1 为测量干管体积，单位为 L；

V_2 为被测容器体积，单位为 L。

$$P_2=[P(V_1+V_2)-P_1V_1]/V_2=\frac{(P-P_1)V_1+PV_2}{V_2}$$

在上式中，若 V_1 远小于 V_2，则有 $P_2 \approx P$，在产品容器真空试验过程中，由于测量干管体积远小于容器体积，可将测量压力作为被测容器内压。

通过计算得出被测容器的内压，即可得出被测容器的压力变化，与标准比较，即可确定容器是否合格。

产品容器测量标准为：将容器抽至 13 Pa 以下，$\Delta P \leqslant 6.5$ Pa/24 h 为合格。

3.4.4　容器的水压试验

所有容器在整个使用期间，必须定期进行检查和试验，其间隔期不得超过 5 年，但在 5 年期限超出以前已装料的容器，在容器卸空以前不必进行试验。但是，在要求的 5 年期限内未进行检查和试验的容器，在未重新检查、试验和打印上标记前，不得重新用来装料。对在 5 年期限内未重新鉴定的容器，在发运前，应对容器壁质量下降情况进行目测检查。对任何可疑情况应作进一步检查，包括合适时进行壁厚超声测量。

定期检查必须由合格的检查员对容器进行内部和外部的检查，并按照要求进行水压强度试验和气密试验。水压强度的压力必须与最初的试验压力相同。在气密试验前，应对拆掉阀门和堵头的管接头进行彻底检查。在容器安装了阀门和堵头以后进行气密试验，所有阀门和堵头都要符合原设计或现设计要求（包括镀锡）。试验后，可对容器外壳擦拭和重新刷漆。在每 5 年一次的鉴定时，应重新测定容器的皮重。容器在经过定期检查和试验后，必须重新打上水压试验的年份和月份，且必须以打印月份的最后一天为终止期。此标记的位置必须紧靠上一次或最初的印记的位置。定期检查和试验的记录必须由容器的所有者保存 5 年或保存到下一次定期检查和试验完成并记录后为止。

一但发现 UF_6 容器有泄漏、腐蚀、裂纹、凸起、凹陷、擦伤；阀门缺陷；加强环或裙罩被破损时，或检查员认为容器现状不安全或不能再使用时，容器必须停止使用（检修或更换）。

3.4.4.1 试验的目的

（1）用来检验容器的强度，以便在容器投入生产前及时发现材质或制造过程中可能存在的缺陷，采取适当的措施加以修补。

（2）可以起到部分地消除应力的作用。当容器水压试验时（预加载荷处理），在焊缝区（特别是未经消除应力处理的容器）产生局部屈服，使残余应力重新分配。从而降低了焊缝处的残余应力，减小了在一定的外加载荷作用下产生脆性破坏的危险性。

（3）容器试验前检查及试验条件：

① 检查容器整体外观，包括容器的几何尺寸、封头、筒体、加强圈、裙座、阀门罩等应无明显碰撞变形损伤等缺陷，附件齐全完好，表面清洁干燥。

② 检查容器周转本强度试验日期，判定是否为到期容器，到期容器应先进行强度试验。试验前应先测容器壁厚，壁厚测量执行，产品容器最小壁厚为 8 mm。

③ 检查容器组装质量符合《容器组装测量操作规程》要求。

④ 检查试验介质，水压试验的介质为清洁的自来水，水温不得低于 5 ℃。

3.4.4.2 试验的方法

水压试验时，压力容器中应充满液体，压力容器内的气体必须排净，压力容器外表面应保持干燥，当压力容器壁温与液体温度接触时，才能缓慢升压至设计压力，确认无泄漏后继续升压至规定试验压力，保压 30 min，然后降至规定试验压力的 80%，保压足够时间进行检查。检查期间压力应保持不变，不得采用连续加压的方式来维持试验压力。

水压试验后的容器，符合下列条件为合格：

（1）无渗漏；

（2）无可见变形；

（3）试验过程中无异常响声；

（4）无裂纹或破裂现象；

（5）试验过程中，保压阶段压力不降。

3.5 容器清洗

容器清洗厂房所承担的任务是清洗铀浓缩工厂所用各类装料容器，以及被沾污的阀门零部件等，对清洗合格后的容器进行烘干、组装、测量，合格交出。主要包括容器清洗系统，用于大小容器的清洗；容器试验系统，用于大小容器的水压试验、气密试验、真空试验；容器烘干系统，用于容器清洗结束后的表面烘干；局排风系统，用于容器清洗时局部排风净化。

3.5.1 清洗装置

3.5.1.1 产品容器清洗装置

产品容器清洗装置主要用于 740 L（30B）容器的清洗，主要包括容器清洗夹具和清洗柜，清洗柜外形尺寸：3 800 mm × 3 000 mm × 4 500 mm，清洗容器通过行车吊装至清洗夹具上，再通过夹具的行走系统，使容器进入容器清洗柜，通过自转和迴转功能实现容器的各项水洗操作。

清洗夹具主要技术参数如表 3-5 所示。

表 3-5 产品清洗夹具技术参数

要求	自转系统	回转系统	行走系统
转速	8.35 r/min	5.23 r/min	9.6 m/min
减速机型号	WXJ-12-40-Ⅰ	WXJ-18-51-Ⅱ	WS-80-21.5
电动机型号	Y90L-6	Y132S-6	Y90S-6
电动机功率/kW	1.1	3.0	0.75
电动机转速/（r/min）	960	960	910

3.5.1.2 容器清洗夹具的使用和日常维护

（1）设备运转前应检查周围无人员及杂物，避免发生故障。

（2）使用前检查连接件、紧固件连接是否可靠，有无松脱现象。

（3）每班应对油杯旋转一圈进行加油。

（4）每周检查油杯，油杯中油应注满。

（5）检查减速机是否有油。

（6）每周定期给油杯、轴承座、齿轮等需要润滑部位加润滑油、润滑脂。

（7）小车运行时应确保轨道清洁无杂物。

（8）转筒旋转时四个压套挂钩应指向筒中心。

（9）制动器应进行定期检查，在频繁工作时应每班进行检查，检查时应注意轴销连接处是否有卡组现象，制动器运转是否正常。

（10）定期检查电器、电缆，如有损坏应立即维修更换。

（11）检查维修电气部分时要先关掉电源开关。

（12）设备运转 25 000 小时后应进行大修以保证设备各项指标运转正常。

3.5.1.3 小容器清洗装置

小容器清洗装置主要用于清洗 50 L、20 L、24 L、6 L 容器，主要由容器清洗夹具和清洗柜，清洗柜外形尺寸：3 700 mm × 1 900 mm × 3 800 mm，待清洗容器运到小容器清洗柜门内，使用柜内的电动葫芦吊运至清洗夹具上固定牢，进行水解、碱洗、水洗，清洗合格后，需做强度试验的容器进行气压试验，用柜内的电动葫芦将小容器从夹具取出。小容器清洗装置主要技术参数如表 3-6。

表 3-6 小容器清洗夹具技术参数

技术要求	技术参数	技术要求		技术参数
最大起重量	160 kg	提升电机	型号	AO_2-6324
最大提升高度	2 500 mm		功率	180 W
运行小车最大行程	2 800 mm		电压	220 V/380 V
运行卷筒直径	ϕ190 mm	运行电机	型号	AO_2-6324
运行速度	8.3 m/min		功率	180 W
起重卷筒直径	ϕ90 mm		电压	220 V/380 V
提升速度	1.95 m/min	减速器	输出转速	13.9 r/min
钢丝绳	1×19-3-170 0Cr19Ni9		输出扭矩	74 N·m

3.5.1.4 小容器清洗装置的日常维护

（1）定期检查电器、电缆，如有损坏应立即维修或更换；

（2）定期检查提升钢丝绳，如有损坏应立即更换；

（3）定期对各连接件、紧固件连接是否可靠，有无松脱现象；

（4）定期对设备易损件（如集液槽等）进行检查，如有损坏应立即维修或更换。

3.5.2 烘干装置

3.5.2.1 主要技术参数

容器清洗结束后，要对其进行烘干，除去表面及各零部件上的水，防止表面生锈，烘干方法为加热容器使表面水分蒸发，加热方式为电加热，电加热烘箱装置由室体、加热系统、电气控制系统、送风系统、保护系统等组成，工作室及外壳材质为不锈钢。

电加热烘干箱主要技术参数如下表 3-7。

表 3-7 电加热烘干箱技术参数

技术要求	技术指标
工作室尺寸	4 000 mm×2 600 mm×2 800 mm
温度范围	RT+20～150 ℃
温度波动度	±0.5 ℃
温度偏差	≤±2.5% ℃
功率	约 35 kW
电源	380 V±10% V，50 Hz
控制功能	PID
定时功能	≤999 h
保护功能	漏电保护、超温保护、加热器短路、相序保护电机过载保护

3.5.2.2 操作使用注意事项

（1）报警指示

① 在设备运行当中，如果报警出现，则报警指示灯亮，蜂鸣器响，系统自动切断加

热器电源。

② 当设备总电源相序错误时报警。

③ 当试验箱内温度超过超温保护设定温度时，报警指示灯亮，停止加热，蜂鸣器响。

④ 当设备鼓风电机电流过载时报警。

⑤ 当恒温定时结束后，报警灯亮，停止加热，报警器响。

（2）开机操作

① 检查电源是否按要求连接好。

② 设定好超温保护值。

③ 如需进行恒温试验，开机后对仪表进行设置，设置好所需温度后即可。

（3）结束工作

① 高温试验后需要开门时应尽量远离箱体，以免热气喷出烫伤。

② 高温结束后，首先关闭设备“运行”按钮，打开工作室大门，待设备冷到常温方可关闭设备电源按钮。

③ 用干净柔软的布擦拭箱体表面及内胆，保持设备的清洁剂干燥。

3.5.3 局排装置

3.5.3.1 主要技术参数

容器清洗厂房局排装置主要有空气净化装置、玻璃钢酸雾净化塔、风机及管道组成，主要用于厂房容器清洗系统局排净化，主要流程为启动风机，局排空气通过管道进入空气净化装置进行一级净化，然后进入玻璃钢酸雾净化塔进行二级净化，净化后的空气通过风机排入大气。局排装置主要技术参数如下表 3-8。

表 3-8　局排装置主要技术参数

名称/型号	技术要求	技术指标
空气净化装置 GJ-4214-L/R-F	通风量/（m^3/h）	6 800
	外形尺寸/mm	3 360 × 910 × 1 210
	通风口方位	左上进，右下出
玻璃钢酸雾净化塔 BSG-2-10	通风量/（m^3/h）	10 000
	外形尺寸/mm	ϕ1 800 × 3 350
	试剂浓度	碳酸钠溶液，2%～6%

3.5.3.2 日常运行维护

玻璃钢酸雾净化塔专人负责管理、维护、保养，贮液箱内碳酸钠溶液浓度保持在 2%～6%范围内，当碳酸钠溶液浓度低于 2%时，必须及时加注碳酸钠，贮液箱内废气应根据实际情况进行定期更换新液。

定期检查风机及水泵的运转是否正常，管道及水泵是否泄漏，液位控制是否正常，液位箱中浮球是否失灵。

3.5.4 试验装置

1. YDZ 系列自增压低温容器

（1）功能及结构

YDZ 系列为自增压低温容器，该系列产品选用优质不锈钢制造，控制系统主要由：进/排液阀、增压阀、放空阀、双安全阀、液位计、压力表组成。容器配有升压系统，能自身产生压力连续排液。YDZ 系列自增压低温容器可用于液氮、液氧、液氩生物容器的液体补充和周转运输，也常用于实验仪器、电子仪器等装置的配套使用。产品特点：配有双安全自动控制阀，具有双重安全保护措施，使用更安全。具有连续增压，连续排液的不间断性，使供液更加高效安装有高承载能力的移动脚轮，移动快捷方便专用超低温截止阀操作更容易。

（2）使用操作

1）进液方式：① 从进/排液阀进液，向容器内充液时，先开启放空阀，将输液的金属软管接在进/排液阀上，打开进/排液阀，即可以从进/排液阀加入液体介质，充液完毕后，关闭进/排液阀。② 从进液口螺塞处进液，向容器内充液时，先开启放空阀，拧下进液口螺塞，即可从进液口加入液体介质，充液完毕后，将螺塞旋入进液口。

2）贮存：当用该容器贮存液体介质时，关闭进/排液阀和增压阀，必须打开放空阀。

3）运输：当用该容器运输液体介质时，各阀门的开关状态应和贮存时的一样，并将容器座圈下轮子固定，用绳索将容器可靠地固定在汽车上。

4）输液：如果从容器内输出液体时，按下列程序操作：

——关放空阀；

——开增压阀；

——观察压力表；

——当压力上升到 0.05 MPa（0.5 kg/cm^2）时，打开排液阀，即可以连续输液。

（3）注意事项

① 由于容器的热量较大，第一次充液时，热平衡时间较长，可先充少量液体介质预冷（10 L 左右），然后再缓缓充满（这样才不容易形成冰堵）。

② 为减少以后充液时的损耗，在容器内还有少量液体时即重新充液。或在用完液体后的 48 h 内充液。

③ 为保证容器使用的安全、可靠，容器只能充装液氮、液氧、液氩。

④ 输液时，容器外表面结水、结霜，属正常现象。当把增压阀打开进行升压工作时，由于增压盘管是与外筒的内壁贴合在一起的，盘管中通过液体时会吸收外筒的热量进行汽化以达到升压的目的，在外筒上可能会有斑点状的结霜。关闭增压阀后，霜点会慢慢的散去。当增压阀关闭没有进行输液工作时，容器外表面有结水、结霜现象，说明容器的真空已经破坏了，该容器不能继续使用了。应找专业厂家维修或作报废处理。

⑤ 在三级或三级以下的路面上运输液体介质时，汽车时速请不要超过 30 km/h。

⑥ 容器上真空嘴，安全阀的封条，铅封不能损坏。

⑦ 如果容器长期不使用，将容器内部的液体介质排出并吹干，然后关闭所有阀门封存。

⑧ 容器在充装液体介质前，必须用干燥空气将容器内胆和所有阀门、管道吹干后，方能装液体介质，否则会造成管道结冰阻塞，影响升压和输液。

⑨ 本设备属仪器仪表类，使用时应轻拿轻放，开启各阀门时力道要适中不宜过大，速度也不能过快；特别是将金属软管与进/排液阀处的接头进行联结时，不能用大力拧得过紧，稍微用力拧到位能密封就可以了（球头结构容易密封），以免将接管拧斜甚至拧断，拧时用一只手扶住阀体。

（4）故障排除

阀门处有泄漏现象，这是由于阀门的压紧螺母密封不严造成的，用扳手拧紧。冰堵现象，一般情况下是在增压盘管处发生，有时也会在排液管处发生，这是由于空气中的水分进入容器后，没有被充分排出，在低温下凝结成了冰，堵塞了管道造成的。解决的办法是先从氮气瓶往容器里充氮气，把容器内部的压力升到 0.05～0.09 MPa 之间，将容器内部的液体介质排空；然后再用热氮气或干燥的热空气对冰堵的管道进行吹除，将冰吹化并排出，关闭所有阀门。

3.5.5　水压试验装置

3.5.5.1　主要技术参数

水压试验装置主要用于盛装 UF_6 的 740 L（30B）容器的到期水压试验，主要包括机架、容器支架、容器旋转、夹紧装置、容器水平位置调节装置、容器翻转装置、容器翻转限位装置、容器托轮装置及液压系统、操作控制台和电器系统等。主要技术参数如下表 3-9。

表 3-9　水压试验台技术参数

技术要求	技术指标
驱动电机功率	7.5 kW
球赛马达扭矩	1 050 N • m
球赛马达工作速度	5～90 rpm
油泵排量	0.33 L/r
翻转范围	0°～90°
卡爪加持范围	ϕ760
系统工作压力	10～16 MPa

3.5.5.2　操作注意事项

初始位置时容器支架处于水平位置，容器翻转限位处于回退位置，限位滚轮处于张开状态，容器旋转夹紧装置处于静止、放松状态。吊入容器置于容器支架的滚轮组中间，容器水平位置调节装置伸出并推动容器，使其右端进入夹紧范围内，液压卡爪夹紧容器，容器翻转限位工作，伸出限位滚轮，油马达启动，进行罐体检查，油马达停止，容器水平位置调节回退，容器翻转油缸工作，任意角度停止翻转，进行罐体检查，使容器翻转至 90°，手动挂上吊钩，容器止翻倾油缸翻转限位托轮复位，吊出容器，完成一个工作循环。

3.5.6 真空测量装置

3.5.6.1 主要技术参数

真空测量装置主要设备为滑阀真空泵，通过真空泵建立真空系统，对待测容器进行测量。主要技术参数如表 3-10。

表 3-10 真空泵技术参数

技术要求	技术指标
型号	2H-70 型
体积流率	70 L/s
极限压力	6.7×10^{-2} Pa
泵转速	590 r/min
电机功率	7.5 kW
冷却方式	风冷
注油量	20 L

3.5.6.2 日常维护、保养

（1）注意油位及油的清洁，新泵工作 150 h 后换油一次，以后每 2－3 月换油一次，如使用条件不好，真空度下降时，可以缩短换油时间。

（2）保持泵及泵房的干燥清洁。

（3）注意油温和泵体温度，泵体温度以测量油温为准，最高不得超过 85 ℃。

（4）润滑油应用机械真空泵油，（既石油部规定 SY 1634—76，1 号真空泵油代号 KK-1）。

（5）长时间不运行泵，则每隔 7～10 天开泵一次，开泵时间约 1 h 左右，以免泵内锈蚀。

3.5.7 系统用阀门安装、使用和维护

3.5.7.1 手动阀门的开闭注意事项

手动阀门是使用最广的阀门，它的手轮或手柄，是按照普通的人力来设计的，考虑了密封面的强度和必要的关闭力。因此不能用长杠杆或长板手来扳动。有些人习惯于使用扳手，应严格注意，不要用力过大过猛，否则容易损坏密封面，或扳断手轮、手柄。启闭阀门，用力应该平稳，不可冲击。某些冲击启闭的高压阀门各部件已经考虑了这种冲击力与一般阀门不能等冈。

对于蒸气阀门，开启前，应预先加热，并排除凝结水，开启时，应尽量徐缓，以免发生水击现象。当阀门全开后，应将手轮倒转少许，使螺纹之间严紧，以免松动损伤。

对于明杆阀门，要记住全开和全闭时的阀杆位置，避免全开时撞击上死点。并便于检查全闭时是否正常。假如阀杆脱落，或阀芯密封之间嵌入较大杂物，全闭时的阀杆位置就要变化。

管路初用时，内部脏物较多，可将阀门微启，利用介质的高速流动，将其冲走，然后

轻轻关闭（不能快闭、猛闭，以防残留杂质夹伤密封面），再次开启，如此重复多次，冲净脏物，再投入正常工作。

常开阀门，密封面上可能粘有脏物，关闭时也要用上述方法将其冲刷干净，然后正式关严。

如手轮、手柄损坏或丢失，应立即配齐，不可用活络扳手代替，以免损坏阀杆四方，启闭不灵，以致在生产中发生事故。

某些介质，在阀门关闭后冷却，使阀件收缩，操作人员就应于适当时间再关闭一次，让密封面不留细缝，否则，介质从细缝高速流过，很容易冲蚀密封面。操作时，如发现操作过于费劲，应分析原因。若填料太紧，可适当放松，如阀杆歪斜，应通知人员修理。有的阀门，在关闭状态时，关闭件受热膨胀，造成开启困难；如必须在此时开启，可将阀盖螺纹拧松半圈至一圈，消除阀杆应力，然后扳动手轮。

3.5.7.2　阀门使用注意事项

（1）200 ℃以上的高温阀门，由于安装时处于常温，而正常使用后，温度升高，螺栓受热膨胀，间隙加大，所以必须再次拧紧，叫做“热紧”，操作人员要注意这一工作，否则容易发生泄露。

（2）天气寒冷时，水阀长期闭停，应将阀后积水排除。汽阀停汽后，也要排除凝结水。阀底有丝堵，可将它打开排水。

（3）非金属阀门，有的硬脆，有的强度较低，操作时，开闭力不能太大，尤其不能使猛劲。还要注意辟免物件磕碰。

（4）新阀门使用时，填料不要压得太紧，以不漏为度，以免阀杆受压太大，加快磨损，而又启闭费劲。

3.5.7.3　阀门安装注意事项

（1）方向和位置

许多阀门具有方向性，例如截止阀，节流阀，减压阀、止回阀等，如果装倒装反，就会影响使用效果与寿命（如节流阀），或者根本不起作用（如减压阀），甚至造成危险（如止回阀）。一般阀门，在阀体上有方向标志；万一没有，应根据阀门的工作原理，正确识别。

截止阀的阀腔左右不对称，流体要让其由下而上通过阀口，这样流体阻力小（由形状所决定），开启省力（因介质压力向上），关闭后介质不压填料，便于检修。这就是截止阀为什么不可安反的道理。其他阀门也有各自的特性。阀门安装的位置，必须方便于操作；即使安装暂时困难些，也要为操作人员的长期工作着想。最好阀门手轮与胸口取齐（一般离操作地坪 1.2 m），这样，开闭阀门比较省劲。落地阀门手轮要朝上，不要倾斜，以免操作别扭。靠墙机靠设备的阀门，也要留出操作人员站立余地。要避免仰天操作，尤其是酸碱、有毒介质等，否则很不安全。

闸阀不要倒装（即手轮向下），否则会使介质长期留存在阀盖空间，容易腐蚀阀杆，而且为某些工艺要求所禁忌。同时更换填料极不方便。明杆闸阀，不要安装在地下，否则由于潮湿而腐蚀外露的阀杆。

升降式止回阀，安装时要保证其阀瓣垂直，以便升降灵活旋启式止回阀，安装时要保证其销轴水平，以便旋启灵活。减压阀要直立安装在水平管道上，各个方向都不要倾斜。

（2）施工作业

安装施工必须小心，切忌撞击脆性材料制作的阀门。安装前，应将阀门作一检查，核对规格型号，鉴定有无损坏，尤其对于阀杆。还要转动几下，看是否歪斜，因为运输过程中，最易撞歪阀杆。还要清除阀内的杂物。阀门起吊时，绳子不要系在手轮或阀杆上，以免损坏这些部件，应该系在法兰上。对于阀门所连接的管路，一定要清扫干净。可用压缩空气吹去氧化铁屑、泥砂、焊渣和其他杂物。这些杂物，不但容易擦伤阀门的密封面，其中大颗粒杂物（如焊渣），还能堵死小阀门，使其失效。安装螺口阀门时，应将密封填料（线麻加铅油或聚四氟乙烯生料带），包在管子螺纹上，不要弄到阀门里，以免阀内存积，影响介质流通。安装法兰阀门时，要注意对称均匀地把紧螺栓。阀门法兰与管子法兰必须平行，间隙合理，以免阀门产生过大压力，甚至开裂。对于脆性材料和强度不高的阀门，尤其要注意，须与管子焊接的阀门，应先点焊，再将关闭件全开，然后焊死。

（3）保护设施

有些阀门还须有外部保护，这就是保温和保冷。保温层内有时还要加伴热蒸汽管线。什么样的阀门应该保温或保冷，要根据生产要求而定。原则地说，凡阀内介质降低温度过多，会影响生产效率或冻坏阀门，就需要保温，甚至伴热；凡阀门裸露，对生产不利或引起结霜等不良现象时，就需要保冷。保温材料有石棉，矿渣棉、玻璃棉、珍珠岩，硅藻土、蛭石等；保冷材料有软木、珍珠岩、泡沫、塑料等。

（4）旁路和仪表

有的阀门，除了必要的保护设施外，还要有旁路和仪表。安装了旁路，便于疏水阀检修。其他阀门，也有安装旁路的。是否安装旁路，要看阀门状况，重要性和生产上的要求而定。

（5）填料更换

库存阀门，有的填料已不好使，有的与使用介质不符，这就需要更换填料。阀门制造厂无法考虑使用单位千门万类的不同介质，填料函内总是装填普通盘根，但使用时，必须让填料与介质相适应。在更换填料时，要一圈一圈地压入。每圈接缝以 45° 为宜，圈与圈接缝错开 180° 。填料高度要考虑压盖继续压紧的余地，现时又要让压盖下部压填料室适当深度，此深度一般可为填料室总深度的 10%～20%。对于要求高的阀门，接缝角度为 30° 。圈与圈之间接缝错开 120° 。除上述填料之处，还可根据具体情况，采用橡胶 O 形环（天然橡胶耐 60 ℃以下弱碱，丁睛橡胶耐 80 ℃以下油品，氟橡胶耐 150 ℃以下多种腐蚀介质）三件叠式聚四氟乙烯圈（耐 200 ℃以下强腐蚀介质）尼龙碗状圈（耐 120 ℃以下氨、碱）等成形填料。

在普通石棉盘根外面，包一层聚四氟乙烯生料带，能提高密封效果，减轻阀杆的电化学腐蚀。在压紧填料时，要同时转动阀杆，以保持四周均匀，并防止太死，拧紧压盖要用力均匀，不可倾斜。

3.5.7.4　阀门维护

对阀门的维护，可分两种情况；一种是保管维护，另一种是使用维护。

（1）保管维护

保管维护的目的，是不让阀门在保管中损坏，或降低质量。而实际上，保管不当是阀门损坏的重要原因之一。

阀门保管，应该井井有条，小阀门放在货架上，大阀门可在库房地面上整齐排列，不能乱堆乱垛，不要让法兰连接面接触地面。这不仅为了美观，主要是保护阀门不致碰坏。由于保管和搬运不当，手轮打碎，阀杆碰歪，手轮与阀杆的固定螺母松脱丢失等等，这些不必要的损失，应该避免。

对短期内暂不使用的阀门，应取出石棉填料，以免产生电化学腐蚀，损坏阀杆。对刚进库的阀门，要进行检查，如在运输过程中进了雨水或污物，要擦试干净，再予存放。阀门进出口要用蜡纸或塑料片封住，以防进去脏东西。

对能在大气中生锈的阀门加工面要涂防锈油，加以保护。放置室外的阀门，必须盖上油毡或苫布之类防雨、防尘物品。存放阀门的仓库要保持清洁干燥。

（2）使用维护

使用维护的目的，在于延长阀门寿命和保证启闭可靠。阀杆螺纹，经常与阀杆螺母摩擦，要涂一点黄干油、二硫化钼或石墨粉，起润滑作用。不经常启闭的阀门，也要定期转动手轮，对阀杆螺纹添加润滑剂，以防咬住。室外阀门，要对阀杆加保护套，以防雨、雪、尘土锈污。如阀门系机械待动，要按时对变速箱添加润滑油。要经常保持阀门的清洁。要经常检查并保持阀门零部件完整性。如手轮的固定螺母脱落，要配齐、不能凑合使用，否则会磨圆阀杆上部的四方，逐渐失去配合可靠性，乃至不能开动不要依靠阀门支持其他重物，不要在阀门上站立。阀杆，特别是螺纹部分，要经常擦拭，对已经被尘土弄脏的润滑剂要换成新的，因为尘土中含有硬杂物，容易磨损螺纹和阀杆表面，影响使用寿命。

3.6 UF_6容器简介

3.6.1　30B 系列

30B 容器主要用于盛装 ^{235}U 丰度＜5%的浓缩产品，国际通用标准容器，740 L 为国产容器，仿 30B 容器制造，只能在国内用，两者结构尺寸没有特别大的差别，差别在于材料、阀门不同（740 L 用 ϕ22 阀，30B 采用 1 英寸阀门）。740 L 和 30B 容器均由容器壳体、圆形封头和防护裙组成，在容器的一端有一阀门，供物料充装和倒空用，其另一端有可拆卸堵头。30B 容器采用碳钢材料 ASTM A516，steel，等级 55、60、65 或 70（正火）制造。30B 容器示意图见图 3-2，技术参数见表 3-11。

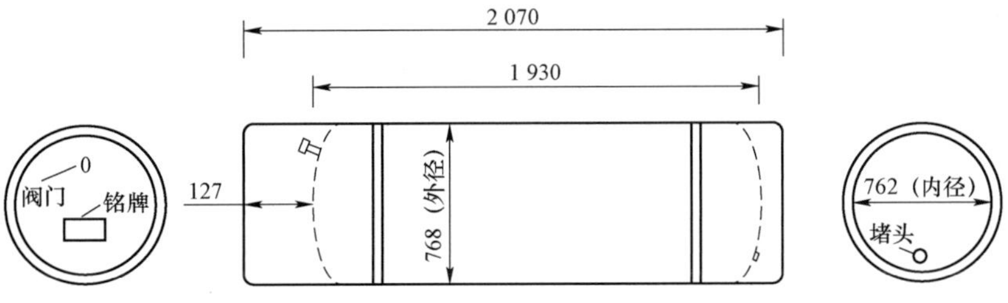

图 3-2　30B 容器示意图

表 3-11　30B 容器参数

	英制	公制
公称直径	30 英寸	—
公称长度	81 英寸	—
壁厚	1/2 英寸	—
公称皮重	1 400 磅	—
最大净重	5 020 磅	—
公称毛重	6 420 磅	—
最小容积	26 立方英尺	—
基本结构材料	钢（ASTM A-516）	
使用压力限值	200 psig	1 380 kPa
水压试验压力	400 psig	2 760 kPa
同位素含量限值	最大 5.0% ^{235}U，需慢化控制	
所用阀门	51 型—1 英寸阀门	

3.6.2　50L 容器

50L 中间容器主要用于净化或抽空、吹洗过程中收集 UF_6，一般在 –80 ℃下工作，容器中带有五块隔板，以增加换热面积，提高容器的冷凝与蒸发能力，进出口均采用 $\phi 25$ 阀，拆装简单，使用中搬运方便。50 L 容器结构示意图见图 3-3，技术参数见表 3-12。

表 3-12　50 L 容器技术参数

特性要求	技术参数
容积	50 L
工作压力	0.5～100 mmHg（绝对压力）
最大压力	5 kg/cm^2（表压）
工作温度	–80～+150 ℃
主要材料	1Cr18Ni9Ti
外形尺寸	360 mm × 445 mm × 980 mm
隔板数	5 个
配套阀门	真空阀 $\phi 25$
	真空阀 $\phi 3$

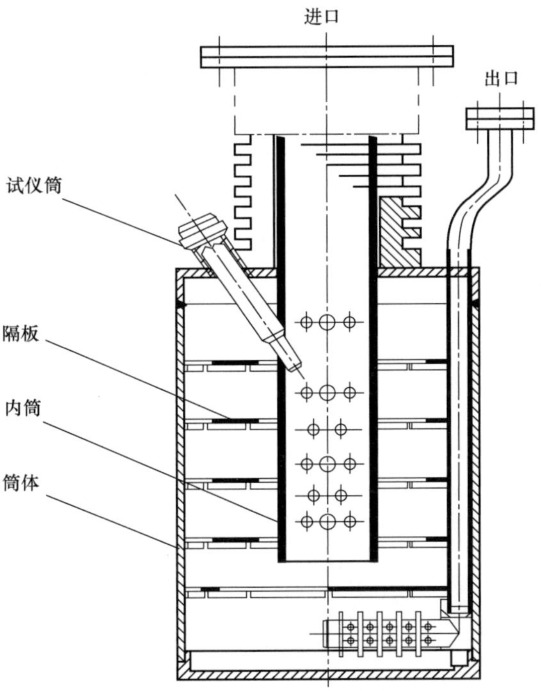

图 3-3　50 L 容器示意图

3.6.3　24L 容器

凝冻器安装在真空泵之前，主要用于净化、抽空、吹洗过程中收集 HF，以保证真空泵和尾气排放符合标准要求，其由小容器和迪瓦瓶组成。容器一般工作温度为–196 ℃，靠向开放式迪瓦瓶中充液氮来维持，容器内布有隔板，以提高冷凝效果，拆装和搬运都较方便。

目前常见的收集 HF 的容器有两种，即 20 L 容器，24 L 容器，二者主要容积、外形尺寸和隔板数有些不同 24 L 凝冻器主要用于净化过程中收集氟化氢和少量六氟化铀。24 L 容器结构示意图见图 3-4，技术参数见表 3-13。

表 3-13　24 L 容器技术参数

特性要求	技术参数
容积	24 L
最高温度	+200 ℃
工作温度	–195 ℃
工作压力	0.5～100 mmHg（绝对压力）
最高压力	5 kg/cm^2（表压）
主要材料	1Cr18Ni9Ti
外形尺寸	375 mm × 324 mm × 941 mm
隔板数	6 个

续表

特性要求	技术参数
壁厚	4 mm
聚四氟乙烯垫片	ϕ45/ϕ35 δ5　1 个/ϕ38/ϕ28 δ5 2 个
所用阀门	ϕ25 阀门

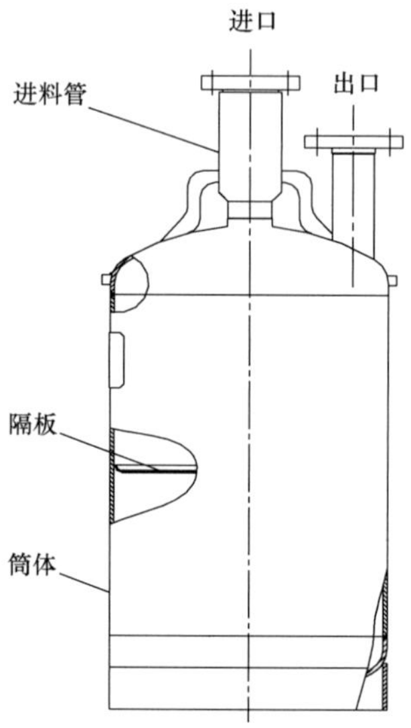

图 3-4　24 L 容器示意图

3.6.4　20 L 容器

20 L 凝冻器主要用于净化过程中收集氟化氢和少量六氟化铀。20 L 容器结构示意图见图 3-5，技术参数见表 3-14。

表 3-14　20 L 容器技术参数

特性要求	技术参数
容积	20 L
工作温度	−196～+100 ℃
工作压力	0.5～100 mmHg（绝对压力）
最大压力	5 kg/cm^2（表压）
主要材料	1Cr18Ni9Ti
外形尺寸	330 mm × 480 mm × 670 mm
隔板数	9 个
壁厚	5 mm

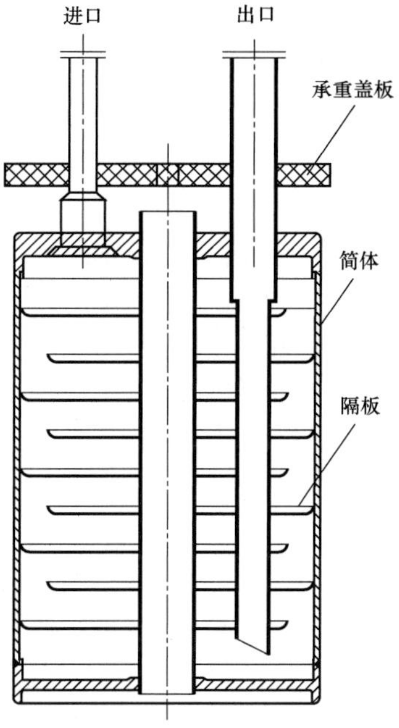

图 3-5 20 L 容器示意图

3.6.5 2S 取样器

2S 取样器用于卸料过程中取液态 UF_6 样品以验析卤代烃及杂质含量，其为金属镍冲压缩口成型设备，缩口处为螺纹，并装有阀门，开关阀门时力量不能过大，否则容易损坏阀门。2S 取样器结构示意图见图 3-6，技术参数见表 3-15。

3.6.6 U 型取样器

U 型取样器为负压容器，在真空状态下工作，用于（93±3）℃均质 12 h 后取气态样品以验析产品丰度，其由阀门、垫板、取样铜管组成，铜管以 U 型通过垫板与两个 $\phi3$ 阀门分别相连，取样前需钝化，经抽空后方可取样，取样时采用液氮冷冻。U 型取样器结构示意图见图 3-7，技术参数见表 3-16。

表 3-15 2S 取样器技术参数

特性要求	技术参数
容积	0.72 L
工作温度	−40～+120 ℃
设计压力	内压 1.4 MPa（表压）
	外压 0.15 MPa（表压）
真空	13 Pa
主要材料	镍铜合金（NO4400）
瓶口锥管螺纹	Z3/8″
重量	2.13 kg
使用阀门	霍克阀 2422M2
	镍铜合金
工作介质	UF_6
外形尺寸	92 mm × 295 mm

表 3-16 U 型取样器技术参数

特性要求	技术参数
工作温度	−180 ℃
工作压力	0.5～50 mmHg（绝对）
工作介质	UF_6
主要材料	A3F，T4
重量	1.8 kg
所用阀门	ADg3

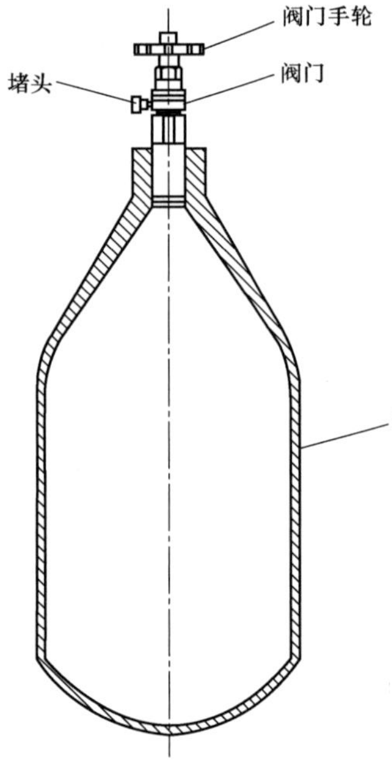

图 3-6 2S 取样器示意图

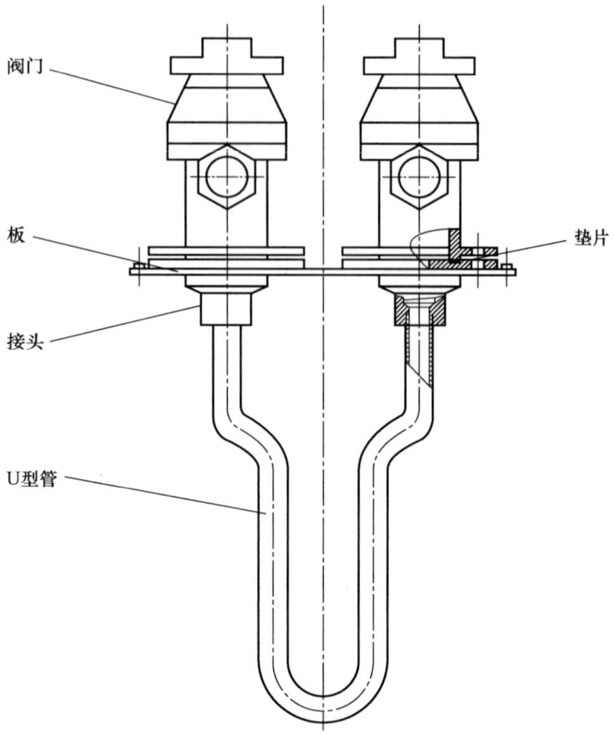

图 3-7 U 型取样器示意图

3.7 六氟化铀阀门简介

3.7.1 容器专用阀门

阀门是六氟化铀容器最关键的部件之一，了解阀门的结构及技术参数是确保阀门安全使用的关键之处，本节针对浓缩厂常用容器的阀门分别进行介绍。

3.7.1.1 大容器所用阀门

大容器所用直角阀门为ϕ22 阀门（国产），等同于 1 英寸（JF22-00G，进口）阀门，ϕ22 阀门用于 3 m^3、3 m^3（B）、3 m^3（C）、740 L、48X、30B 容器，1 英寸阀门用于 48X、30B 进口容器。ϕ22 阀门与 1 英寸阀门主要区别在于阀杆螺纹，ϕ22 阀门为公制，1 英寸阀门为英制。此类阀门的技术参数见表 3-18，结构示意图见图 3-8。

阀门、密封螺母、密封环、密封垫片和螺帽是铝-硅-青铜合金材料，阀杆是蒙乃尔合金，填料和密封盖是聚四氟乙烯。

表 3-17　直角阀门技术参数

特性要求	技术参数
工作温度	−40～+120 ℃
公称口径	ϕ22
工作压力	1.37 MPa
工作介质	气态、固态、液态六氟化铀
主要材质	NCU28-2.5-1.5DA636
试验压力	气密 1.37 MPa
	强度 2.76 MPa
密封垫片	ϕ35/ϕ18　δ=3
	聚四氟乙烯
密封方式	金属线密封

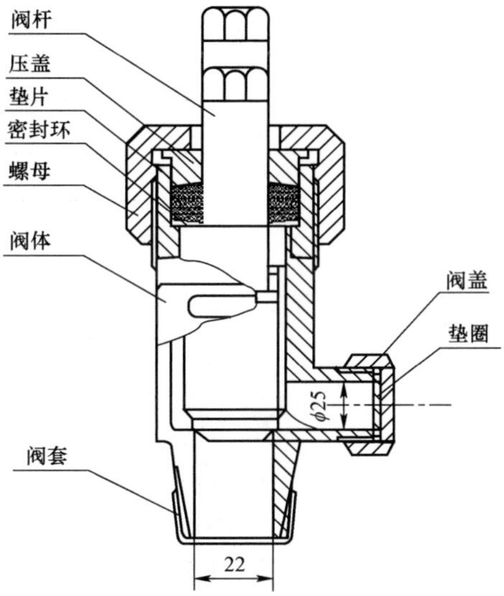

图 3-8　直角阀门结构示意图

3.7.1.2　小容器所用阀门

小容器所用阀门主要有 B25K155、A3K151、A3K153、A10K154、HOKE 阀门。用于 50 L、20 L、24 L、6 L 和 1 L 容器上。

（1）B25K155 阀门

B25K155 阀门是一种不锈钢材料的真空弹簧箱阀门，阀体和阀针的材料是 1Cr13，弹簧箱有不锈钢和铜膜片两种。多数通道密封是金属线密封，也有很少一部分是聚四氟乙烯垫片的面密封。表 3-18 为 B25K155 阀门技术参数，图 3-9 为 B25K155 阀门结构示意图。

表 3-18 ϕ25 阀门技术参数

特性要求		技术参数
工作温度		−40～+120 ℃
工作压力		1.37 MPa
工作介质		气态、固态、液态六氟化铀
主要材质		1Cr13
试验压力		气密 1.37 MPa
		强度 2.76 MPa
弹簧箱		单层壁厚：δ=0.12 mm，波纹数：14
		最大允许内压力：0.18 MPa
		推荐压缩行程：8.7 mm
		最大允许压缩行程：14 mm
		最大允许拉伸行程 3.6 mm
密封垫片	聚四氟乙烯	ϕ78/ϕ60 δ=5
		ϕ58/ϕ46 δ=5
		ϕ31/ϕ10 δ=5

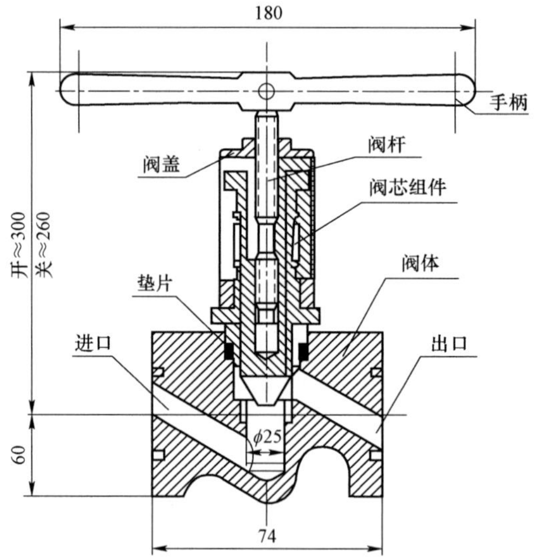

图 3-9 B25K155 阀门结构示意图

（2）A3K151 真空阀门

A3K151 真空阀门主要用于 U 型取样器和 50 L 容器上，表 3-19 为 A3K151 阀门技术参数，图 3-10 为 A3K151 阀门结构示意图。

表 3-19　A3K151 阀门技术参数

特性要求	技术参数
工作温度	–40～+40 ℃
真空度	0.1～100 mmHg
工作介质	UF_6
主要材质	M3
弹簧箱	单层壁厚：δ=0.17 mm，波纹数：9
	最大允许内压力：0.5 MPa
	最大允许外压力：0.6 MPa
	最大允许压缩行程：2.5 mm
密封垫片	ϕ28/ϕ20　δ=3
	聚四氟乙烯

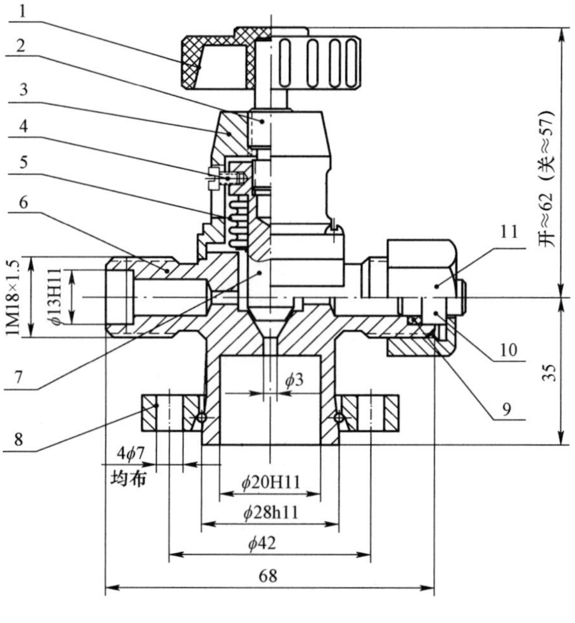

图 3-10　A3K151 阀门结构示意图

1. 手轮；2. 阀杆；3. 压盖；4. 导向螺钉；5. 波纹管；6. 阀体；
7. 阀针；8. 法兰；9. 衬垫；10. 堵头；11. 螺母

（3）3HOKE NO2422L64M3 阀门与ϕ8 阀门

HOKE 阀门是国外制造的，用于 2S 取样器上，是一种蒙耐尔材料的角阀，金属阀杆也是蒙耐尔材料，螺母、填料压套为不锈钢材料，手轮为铝材料，密封填料、密封垫为聚四氟乙烯材料。入口是 Z3/8 英寸的外螺纹管，出口是 Z1/4 英寸的内螺纹管。

ϕ8 真空截止阀门结构类似于 HOKE 阀门，与之不同的是，HOKE 阀门采用的通道密封型式是金属线密封，ϕ8 密封型式采用填料密封。以下只介绍ϕ8 阀门的技术特性及结构。表 3-20 为ϕ8 阀门技术参数，图 3-11 为ϕ8 阀门结构示意图。

表 3-20　ϕ8 阀门技术参数

特性要求		技术参数
工作温度		–40～+120 ℃
工作压力		0.133～1.4 MPa
工作介质		UF_6
主要材质		NCu-2.5-1.5
密封垫片	ϕ8 阀门	ϕ10.8/ϕ8　δ=1
	HOKE 阀门	ϕ10.6/ϕ8　δ=1
公称通径		8 mm

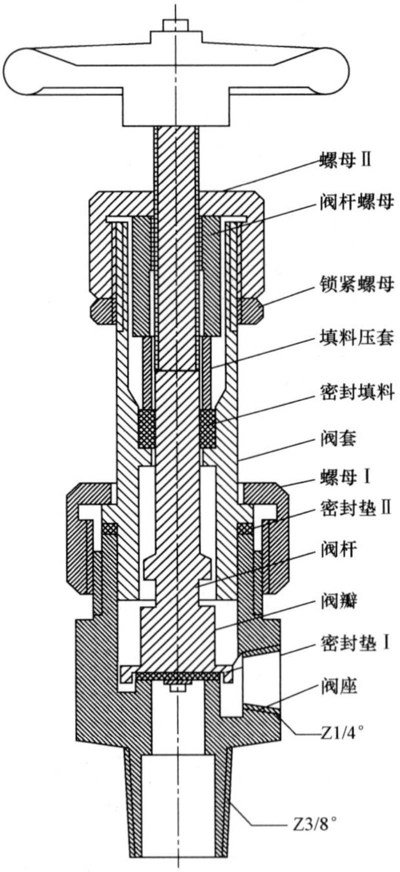

图 3-11　ϕ8 真空阀门结构示意图

3.8　容器清洗工艺介绍

3.8.1　概述

容器清洗厂房承担的主要任务是：产品容器（30B、740 L）的清洗、组装试验，及时为液化均质系统提供合格的产品容器；小容器（50 L、24 L、20 L）的清洗组装试验，为主工艺系统运行提供清洗、试验合格的容器；及其金属连接管、阀门等一些沾污金属的清洗、试验。该厂房主要设备有：2 套大容器清洗系统、2 套大容器烘干箱（1 套蒸汽烘干箱、1 套电烘干箱）、1 套大容器水压试验台装置、1 套大容器组装测量台架（9 个测量点）以及一些试剂、废水收集扬液器，经测算目前该厂房年可清洗大容器 400 台、小容器 200 台。

3.8.2　容器的检查和试验

3.8.2.1　容器常规检查

在接收所有 UF_6 容器时和在取样、抽空、充料或装运之前，都要进行常规检查以确保它们处于安全和可用条件下，仔细检查容器和阀门是进行任何操作的重要前提。所有容器在它们整个使用寿命期间，都应定期检查和试验，但对那些已充装满 UF_6 的容器，可以不需专门为检查和试验而倒空，然而对那些在达到检验内未经检查和试验的容器，当它们排空后未作适当的再检查、再试验和重新打铭牌之前，不应再充装物料。在达到要求的检验时间内，未经再检验的盛有 UF_6 的容器，在装运前应直观检查容器壁的剥蚀情况，对可能存在隐患的情况，都要进一步调查研究。

当 UF_6 容器发现有泄漏、严重腐蚀、裂缝、凸起、凹陷、凿孔、有毛病的阀门、损坏的加强环或端裙以及根据检查员判断提出不安全或不能使用的其他情况时，UF_6 容器应退出使用（检修或更换），当容器阀杆断裂、弯曲或是严重扭曲时必须更换阀门。当 UF_6 容器的壳体或封头厚度减少到规定值以下时，该容器就不再使用。

3.8.2.2　容器外观检查

（1）容器铭牌检查：铭牌的型式、尺寸、内容、固定位置应符合图样要求，铭牌上的数据和容器资料相符。

（2）容器整体外观检查：筒体、封头、加强环、裙座、阀门、堵头、阀门罩等无明显碰撞、变形、损伤等缺陷。焊接部位无压痕、擦伤等明显缺陷。

（3）阀门和堵头安装符合要求，螺纹啮合在规定范围内。

（4）附件齐全完好，表面清洁干燥，无锈迹污物，油漆完好。

3.8.2.3　容器内部检查

UF_6 与烃油类和其他某些轻杂质反应是相当剧烈的，并能引起严重的爆炸事故，因此 UF_6 容器的清洁度是核工业极为关切的问题。

无论是新容器还是清洗过的容器，容器内应完全清除掉油脂、油污、污垢、结渣、氧化物、赃物、水分和其他异物，应清洁干燥，无各种污染物，也不允许有不可接受的凹坑、鼓包、蚀痕和机械划痕等缺陷。

3.8.2.4 阀门和堵头检查

（1）阀门在安装前应检查清洁度，必要时（容器进行了清洗）解体检查、清洗，阀门零部件无变形、锈蚀、损伤等缺陷，密封面光滑无划痕，螺纹丝扣完好。

（2）堵头清洗后检查应无锈蚀、损伤等缺陷，螺纹丝扣完好。

（3）解体阀门在装配时，应符合阀门的图纸和技术要求。

（4）阀门在安装前应复验通道和阀体的密封性，为了消除泄漏而拧紧密封螺母和阀芯的阀杆时，拧紧力矩应符合规定要求。

（5）阀门入口螺纹挂锡应薄而均匀，螺纹根部应填满一半锡。

（6）安装阀门和堵头前检查容器上管接头应无损伤、裂纹、丝扣完好。

3.8.2.5 容器清洗后检查及组装

含有残存料铀的容器在重装 UF_6 前，需要清洗，在维修或进行水压试验时，也需要清洗，以保证产品纯度。

3.8.2.6 组装前检查

容器内部检查：检查容器内部，应无铀化合物积累，无锈、无渣、无水、无油污及其他污染物，无明显腐蚀点。

阀门堵头安装检查：

（1）阀门应解体清洗，检查阀门零部件应无变形、锈蚀、损伤等缺陷，密封面光滑无划痕，螺纹丝扣完好；堵头清洗后检查应无锈蚀、损伤等缺陷，螺纹丝扣完好；

（2）如果阀门经检查可继续使用，应更换密封垫，然后按原设计要求，重新调整密封螺母的压紧力矩，进行真空密封试验；

（3）阀门和堵头的入口螺纹应重新挂锡，螺纹根部应填满一半锡；

（4）安装阀门和堵头前检查容器上管接头应无损伤、裂纹、丝扣完好。

3.8.3 组装操作

UF_6 新容器在投入使用前，以及带料容器清洗后，都要进行组装。组装质量直接影响到容器的试验和使用效果。

容器组装过程要有严格的过程检查，以保证组装后的容器整体质量。检查中需使用必要的专用工具和仪器仪表。检查人员需经过专业培训平取得相应资格证书，才能上岗。

UF_6 新容器组装应在干燥、清洁的环境中进行，需安装的阀门、部件、垫圈擦拭干净，去除油污。主要安装要求如下：

（1）将待组装的容器至于容器支架上，安装平稳；

（2）组装所有阀门应是试验合格的阀门，外观符合质量要求；

（3）容器阀门和堵头安装后，必须及时进行气密性试验和真空密封试验，破空时间（容器从烘干结束至组装试验）不超过 24 h；

（4）容器组装时，零部件号码标识应一致，不得混淆、错乱。

3.8.4 耐压试验

耐压试验是对容器强度的一种综合检验，其主要目的是检验容器受压部件的结构强度和验证容器是否具有在设计压力下安全运行所需的承压能力，同时，也可通过局部渗漏等发现潜在的局排缺陷。由于容器存在潜在的裂纹性缺陷，但耐压试验时尚未破裂，则潜在裂纹尺寸必定小于最高压力下的临界裂纹尺寸，因而在试验后的一段时间内仍能维持使用。

3.8.4.1　耐压试验中对压力的要求

试验压力的确定是根据容器受压元件的结构强度、验证它是否在设计（或最高压力）下安全运行，并加入一定的安全程度，即试验压力必须高于设计压力（或最高工作压力），另一方面试验压力又不允许太大，即试验时器壁薄膜应力 1 次一般不得超过器壁材料屈服极限的 96%，以免发生整体屈服（全压试验时，一次膜应力不超过屈服极限的 80%）。一般规定（液压）试验压力 P_T=1.25P（式中对新制和按原设计参数运行的在用压力容器试压时，P 为设计压力，若容器实际最高工作的压力低于设计条件或降压使用时，P 改取容器安全泄压装置的开启压力）。对某些低级压力容器，容器壁厚计算不是按强度确定，而是按刚性失稳条件确定时，试验压力可以适当提高到设计压力的 1.5P。对于设计温度大于或等于 200 ℃的容器，$P_T' = P_T(б) / (б)^t$（式中（$б$）为试验温度下材料的许用压力，$(б)^t$ 为设计温度下材料的许用压力）。

3.8.4.2　耐压试验中对温度的要求

试验压力的温度确定，首先必须保证在耐压试验时器壁温度高于容器材料的无延性转变温度（又称脆性转化温度）。

Q345R、Q370R、07MnMoVR 制容器进行液压试险时，液体温度不得低于 5 ℃；其他碳钢和低合金钢制容器进行液压试验时，液体温度不得低于 15 ℃；低温容器液压试验的液体温度应不低于壳体材料和焊接接头的冲击试验温度（取其高者）加 20 ℃。如果由于板厚等因素造成材料无塑性转变温度升高，则需相应提高试验温度。

当有试验数据支持时，可使用较低温度液体进行试验，但试验时应保证试验温度（容器器壁金属温度）比容器器壁金属无塑性转变温度至少高 30 ℃。

3.8.4.3　耐压试验中对介质的要求

试验介质的确定，液压试验通常用水，固常称为水压试验，水的等温压缩系数很小，远小于气体。在同样试验压力下，气体的体积膨胀倍数比水的大得多。因此，一旦容器破裂，压缩气体的释放量也大得多，气压试验危险性大。所以耐压试验一般用液体（水）作加压介质。只有对不适合做液压试验的特殊容器（如容器内不允许有微量液体残留或由于结构原因不能充满液体的容器），才进行气压试验。水压试验要用清洁的水，对奥氏体不锈钢制容器做水压试验时，应控制水中的氯离子含量小于 25×10^{-6}。

3.8.5　液压试验

液压试验压力（见表 3-21）应以能考核承压部件的强度，暴露其缺陷，但又不损坏承压部件为最佳，通常规定，承压部件的液压试验压力下的薄膜应力不得超过材料在试验温度下屈服极限的 90%。水压试验程序包括试压准备、注水排气、升压、保压、检查、卸压和排水六道工序。

碳素钢、16MnR 和 16MnDR 钢制容器液压试验时液体温度不低于 5 ℃，其他低合金钢制容器（不包括低温压力容器）液压试验时液体温度不低于 15 ℃，奥氏体不锈耐酸钢制容器的液压试验可不考虑温度条件。

表 3-21 容器液压试验压力

测量区域	试验压力（P_t）/MPa
内压	1.25P 且不大于 P+0.1
外压	1.5P（做内压试验）
真空	0.2（做内压试验）

注：P—设计压力。

对设计温度 $t \geqslant 200$ ℃的内压容器，其试验压力：

$$P_t = P_T[\sigma]/[\sigma]^t$$

式中，P_T——按表规定的试验压力，MPa；

$[\sigma]$——试验温度下材料的许用应力，MPa；

$[\sigma]^t$——设计温度下材料的许用应力，MPa；

当$[\sigma]/[\sigma]^t > 1.8$ 时取 1.8。

液压试验步骤

（1）试压准备工作包括确定试验压力，试压泵出口装一块符合标准要求且校验合格的压力表，准备试压泵等；

（2）向容器注水，且应充满液体，排空气，且气体必须排净；

（3）保持压力容器外表面干燥，当容器壁与水全部解除后，且容器壁温与水温度一致后，启动试压泵缓慢地分级升压；

（4）压力升至试验压力时，保压时间根据容积大小保持 10～30 min，仔细观察压力表有无压力降，然后将压力降至规定试验压力的 80%，保持 30 min，进行检查，重点检查受压元件有无变形或异常，焊缝及法兰等连接部位有无渗漏等现象。

无下列情况为合格：

——肉眼可见的异常变形；

——裂纹或破裂现象；

——渗漏与冒汗。

容器检查完后即缓慢降压并将水排尽，并立即用干燥氮气或干燥无油的压缩空气（含水量小于或等于 1 g/m^3，含油量小于 5×10^{-5} g/m^3）吹干，并做清洁度检查。

3.8.6 气压试验

气压试验所用气体应为干燥、清洁的压缩空气、氮气或其他惰性气体。碳素钢和低合金钢压力容器的试验用气体温度不得低于 15 ℃，其他材料制压力容器，其试验用气体温度应符合设计图样规定。试验压力 P_t=1.15 P，对设计温度 $t \geqslant 200$ ℃的内压容器其试验压力采用 $P_t = P_T[\sigma]/[\sigma]^t$ 计算。

气压试验操作步骤

（1）压力升至试验压力的 10%时，且不超过 0.05 MPa，保持 5 min，然后对容器的所有焊缝和连接部位做初次渗漏检查，确认无渗漏后，继续升压；

（2）压力升至试验压力的 50%时，保持 10 min，然后以 10%的试验压力为级差，逐级升至试验压力，应根据容器大小保持 10～30 min 后，降至规定试验压力的 87%，进行保压检查，其保压时间不少于 30 min，检查期间压力应保持不变。不得在压力下紧固螺栓，经肥皂液或其他检漏检查无漏气，无可见异常变形为合格。

3.8.7 气密性试验

气密性试验应在液压试验合格后进行，容器盛装的介质毒性程度为极度、高度危害或设计上不允许有微量泄漏的压力容器，必须进行气密性试验。气密性试验所用气体应为干燥、清洁的压缩空气、氮气或其他惰性气体。碳素钢和低合金钢压力容器的试验用气体温度不得低于 5 ℃，其他材料制压力容器，其试验用气体温度应符合设计图样规定。试验压力为设计压力或设计压力的 1.05 倍，试验期间经肥皂水或其他检漏液体检查无漏气，压力表只是无变化为合格。

气密性试验操作步骤

（1）压力升至试验压力的 50%时，保持 10 min，对容器所有焊缝和连接部位进行检查，确认无渗漏后，继续升压；

（2）压力升至试验压力后，保持 10 min，对所有焊缝和连接部位涂肥皂水进行检查，以无渗漏为合格，如有渗漏，应在处理后重新进行气密试验；

（3）卸压时应缓慢。

3.8.8 真空试验

3.8.8.1 真空检漏

真空系统或容器的漏气是绝对的，不漏是相对的。真空检漏就是用一定的手段，将可漏物质加到被检容器壁的一侧，用仪器或某种方法在有漏的地方的另一侧，检测通过漏孔逸出的有漏物质，并根据有漏物质逸出的多少来判断漏孔的大小。

据工艺要求容器或真空系统正常工作时的漏率，小于允许漏率，称为系统“不漏”；大于允许漏率就要对系统进行检漏、消漏，使漏率小于允许漏率。在工艺中常用氦质普检漏仪进行检漏。

容器内压力变化是由于容器放气与漏气造成的，外部气体通过漏孔进入真空系统或真空容器内部而使压强增高的现象为漏气，由真空系统内存在的气源所造成的压强升高的现象为放气（见图 3-12）。放气与漏气的判断方法，常用静态升压法判断容器漏气还是放气，并测出漏率。

3.8.8.2 真空试验

真空试验采用静态升压法，对组装合格的容器进行抽空测量，抽空到绝对压力以下进行真空密封试验测量容器中的压强变化。由于体积 V 是定值，在不考虑温度变化条件下，在一定的时间间隔测量压力的增量（ΔP），就能决定被测容器的漏量是否合格。漏量测量可根据下式计算：

$$P=(P_1V_1+P_2V_2)/(V_1+V_2) \tag{3-1}$$

式中，P——为测量压力，单位为帕（Pa）；

P_1——为测量干管压力，单位为帕（Pa）；

P_2——为被测量容器压力，单位为帕（Pa）；

V_1——为测量干管体积，单位为升（L）；

V_2——为被测量容器体积，单位为升（L）。

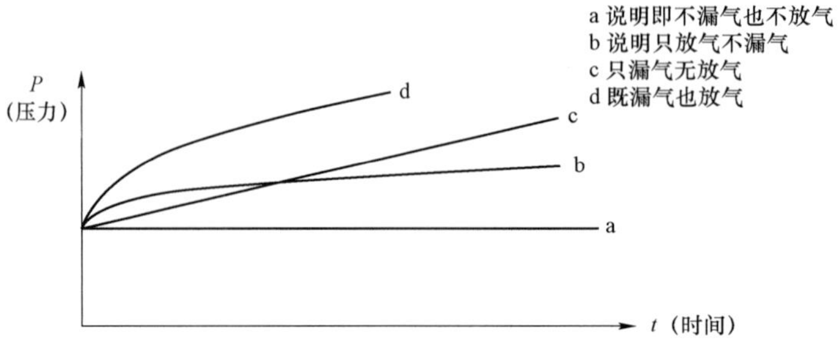

图 3-12 容器 P-t 曲线图

通过计算得出被测容器的压力变化，与标准比较，即可确定容器（取样器）是否合格。

表 3-22 压力容器抽空漏率

容积/L	1～10	＞10～100	＞100～1 000	＞1 000～5 000
漏率/Pa • L/s	1.33×10^{-4}	1.33×10^{-3}	6.65×10^{-3}	1.33×10^{-2}

其计算方法是：$Q=\Delta P\bullet L/t$ 以 740 L 液化容器为例：

式中，Q——真空漏率允许的标准，740 L 液容为 6.65×10^{-3} Pa • L / s；

ΔP——需要求得实际真空度；

L——容器的容积（L）；

t——真空测时间（h）。

其中：Q、L、t 已知

$$\Delta P=\frac{Q\bullet t}{L}=\frac{6.65\times10^{-3}\times86\,400}{740}=0.776\text{ Pa}/24\text{ h}$$

3.9 工艺流程及参数监测与控制

3.9.1 30B 容器的清洗工艺控制

表 3-23 30B 容器的清洗工艺控制参数表

序号	作业名称	控制项目	单位	控制要求
1	水解	加水量	L	50
		水解时间	min	10

续表

序号	作业名称	控制项目	单位	控制要求
1	水解	水解温度		常温
		水解次数	次	1
2	碱洗	加碱液量	L	100
		加双氧水量	L	10
		碱液浓度	%	5
		双氧水浓度	%	30
		碱洗时间	min	10
		碱洗温度	℃	50～60
		蒸汽压力	MPa	0.1～0.3
		碱洗次数	次	1～2
3	水压试验	水压时间	min	30
		试验压力（30B）	MPa	2.8
		试验水温	℃	≥5
4	酸洗	草酸溶液加入量	L	100
		草酸浓度	%	0.5～2
		蒸汽压力	MPa	0.1～0.3
		酸洗温度	℃	50～60
		酸洗时间	min	10
5	水洗	水洗体积	L	20
		水洗次数	次	1～2
6	吹干	吹干时间	min	10
		吹干压力	MPa	≥5
		吹干温度		常温
7	烘干	烘干温度	℃	80～100
		烘干时间	h	≥6
8	表面沾污标准	α	Bq/cm^2	≤4
		β	Bq/cm^2	≤40

30B 容器安装阀门时，阀门出口应正对容器封头中心，阀门安装力矩 270～540 N •m，阀门丝扣旋入 7～12 扣；堵头安装力矩 200～900 N • m，堵头旋入 5～8 扣。

3.9.2　20 L、24 L、50 L 的 UF_6 容器清洗工艺控制

目前铀浓缩工厂 20～100 L 容器主要有 20 L 容器、24 L 容器、50 L 容器，20～100 L 容器清洗工艺控制参数见表 3-24。

表 3-24 20～100 升容器清洗控制参数

序号	作业名称	控制项目	单位	控制要求
1	水解	加水量		至容器进口有水流出
		水解时间	min	10
		次数	次	1～2
2	碱洗	加碱液量		至容器 1/2～2/3 容积
		双氧水加入量	L	5
		双氧水浓度	%	30
		蒸汽压力	MPa	0.1～0.3
		碱洗温度	℃	50～60
		碱洗时间	min	10～30
		碱洗次数	次	1～2
3	水洗	加水量		至容器进口有水流出
		水洗时间	min/次	10
		水洗次数	次	1～2
4	表面沾污标准	α	Bq/cm^2	≤4
		β	Bq/cm^2	≤40

3.9.3 容器组装试验控制参数

容器组装试验控制参数见表 3-25。

表 3-25 容器组装试验控制参数

操作项目	作业名称	控制项目	控制要求
20 L 容器	阀门型号	进、出口 B25K155	螺栓露出 2～4 扣 法兰间隙均匀 1～3 mm
	气压试验	试验压力	0.6 MPa
		试验时间	30 min
	真空试验	试验压力	＜13 Pa
		合格标准	ΔP≤6.5 Pa/24 h
24 L 容器	阀门型号	进、出口 B25K155	螺栓露出 2～4 扣 法兰间隙均匀 1～3 mm
	气压试验	试验压力	0.6 MPa
		试验时间	30 min
	真空试验	试验压力	P＜266.66 Pa
		合格标准	ΔP≤9.8 Pa/24 h

续表

操作项目	作业名称	控制项目	控制要求
50 L 容器	阀门型号	进、出口 B25K155	螺栓露出 2～4 扣 法兰间隙均匀 1～3 mm
		取样阀 A3K151	
	气压试验	试验压力	0.6 MPa
		试验时间	30 min
	真空测量	压力	P＜13 Pa
		合格标准	ΔP≤6.5 Pa/24 h

3.9.4　1 L 容器、取样器的清洗

1 L 容器清洗控制参数见表 3-26。

表 3-26　容器清洗控制参数

操作项目	作业名称	控制项目	控制要求
2S、(仿 2S) 取样器	水解	去离子水	缓慢加入至洗液无色
	碱洗	5%Na_2CO_3+30%H_2O_2 T=60～65 ℃	流出液清亮无色
	水洗	去离子水	缓慢加入至洗液无色
	烘干	G-17/1、2	T=85～95 ℃　t≥12 h
	2S 水压强度试验	P=2.8 MPa	容器无变形，30 min 无压力降
	仿 2S 水压强度试验	P=1.8 MPa	容器无变形，30 min 无压力降
1 L 容器	水解	生产水	缓慢加入至洗液无色
	碱洗	5%Na_2CO_3+30%H_2O_2 T=60～65 ℃	流出液清亮无色
	水洗	生产水	缓慢加入至洗液无色
	水压强度试验	P=0.5 MPa	容器无变形，30 min 无压力降
	烘干	G-17/1、2	T=85～95 ℃　t≥12 h
U 型取样器	水解	生产水	缓慢加入至洗液无色
	碱洗	5%Na_2CO_3+30%H_2O_2 T=60～65 ℃	流出液清亮无色
	水洗	生产水	缓慢加入至洗液无色
	烘干	G-17/1、2	T=85～95 ℃　t≥12 h
	真空测量	压力	P＜266.66 Pa
		漏量	ΔP≤9.8 Pa/24 h

3.9.5 容器清洗残存量要求

容器清洗残存量要求见表 3-27。

表 3-27　容器清洗残存量要求

序号	容器类型	控制项目	单位	控制要求
1	740 L（30B）容器	^{235}U 丰度	%（重量百分比）	≤5.0
		最大残存量	kg	11.5
2	50 L 容器	^{235}U 丰度	%（重量百分比）	≤5.0
		最大残存量	kg	2（UF_6）
	24 L 容器	最大残存量	kg	≤4.0（HF）
	20 L 容器	最大残存量	kg	≤4.0（HF）
	6 L 容器	最大残存量	kg	2（UF_6）

3.10 临界控制与系统事故处理

3.10.1 临界控制

容器清洗系统核临界安全控制方式有以下几种：① 限制工艺设备、操作工序及整个流程中裂变材料的数量；② 控制溶液裂变材料的浓度；③ 控制裂变材料的浓缩度。为防止核临界事故的发生，三种安全控制方式相互结合使用，严格计算物料平衡和铀浓度控制分析，采用压空搅拌和自循环，防止槽罐内部产生沉淀和残留物，确保批量生产。

设备采取浓度和质量双重控制。单个槽或罐内 ^{235}U 丰度不超过 5%时，溶液中 ^{235}U 浓度不得超过 5 g/L，单体内 ^{235}U 的量不超过 500 g。

3.10.2 容器清洗系统常见异常处理方法

容器清洗系统常见异常处理方法如表 3-28。

3.10.3 操作的防护安全

在核化工操作时，必须注意操作的防护安全，尽量避免事故发生，做好个人防护工作。为此应该：

① 操作时必须按规定穿戴好适用的防护用品，尤其在操作开放源及易裂变物质时应注意穿戴好防护用品；

② 必须严格执行操作规程，严禁违章操作；

③ 严格控制操作中的跑、冒、滴、漏，对溅出的溶液应及时收集，严禁直接排入普通下水。对被污染的设备、地面应及时去污，防止污染扩散；

④ 严格控制设备中 ^{235}U 的残存量和积存量，以防临界事故；

⑤ 严格控制溶液浓度不超过规定限值；

⑥ 对溶液系统及时搅拌，以防局部浓度过高；

⑦ 注意工作场所的通风换气，操作如伴有有毒有害气体、蒸汽或粉末，要在密闭的系统内操作，且要将有毒物质及时排出；

⑧ 定期进行设备检查及维护，保证机械设备正常。

表 3-28 容器清洗系统常见异常处理方法

序号	操作项目	不正常现象	原 因	处理方法
1	水解	水加不进	通道堵塞	消堵
			操作错误	正确操作
2	碱洗	清洗效果差或清洗不干净	洗涤剂浓度太低	调整浓度
			洗涤剂用量不够	补加用量
			加热温度不够	提高温度
			物料量太多	提高清洗次数
			清洗时间和次数不够	延长清洗时间或增加清洗次数
3	除锈	除锈不合格	草酸浓度太低	提高草酸浓度
			草酸失效	更换草酸
			未加热	重新加热
			时间不够	延长时间
4	烘干	烘干效果差	烘干时间不够	延长时间
			烘干温度低	提高温度
5	740 L、30B 容器夹具小车	进、退、翻转、回转不运行	控制开关失灵	电工检修修理
			机械部件毛病	钳工检修修理
			操作不当	正确操作
6	吊车	吊车不正常	控制开关失灵	电工检修修理
			机械部件毛病	钳工检修修理
			操作不当	正确操作
7	扬液器	正常操作时真空表或压力表不指示	没有真空	检查真空系统送真空
			没有压空	联系送气单位
			表失灵	仪表工更换或检修
			仪表阀关闭或损坏	打开阀门或请仪表工更换阀门
		抽不进液或压不出液体	进、出口阀门堵塞	消堵
			真空压力低	提高真空压力
			压空压力低	提高压空压力
			操作错误	正确操作

3.11 主机清洗原理及相关应用

3.11.1 概述

离心法铀浓缩级联经过长期运行后，主机转子内壁及取料管等沉积有较多的粉末，经过研究分析，发现粉末中 90%以上成分为氟化铀酰。大量氟化铀酰粉末堆积在主机内，造成取料管出现堵塞，导致主机摩擦功率增大，分流比下降。级联整体分离能力较初期明显下降，且存在加速下降的趋势，级联运行的经济性持续降低，这是国内离心法铀浓缩行业普遍存在的共性问题。

离心级联经过长期运行后，都存在不同程度的老化，尤其到达离心机寿命临界期，离心机性能下降较大，料管与离心机连接处、测频插头处、料管与集流管连接处、阻尼器与离心机的连接处的聚四氟乙烯垫圈可能已逐渐老化，失去弹性，会导致离心机的密封性变差，可能会使部分离心机出现不同程度的外漏或内漏，影响离心机的分离性能。外漏造成微量空气进入离心机，使离心机负载增大，摩功升高，出现掉周甚至损机情况。漏入空气中的水分与 UF_6 反应生成固体粉末 UO_2F_2 堵塞离心机的料管或附着在离心机的内壁。固体粉末 UO_2F_2 附着在离心机内壁，会造成离心机失衡或堵塞料管。若离心机供料料管被堵塞，原料不能进入离心机，则离心机就不做功；若仅精料或贫料料管堵塞，供、贫或供、精料管畅通，原料会不经过分离直接进入贫料或精料，造成物料的混和损失。即当一个离心级联运行若干年后，由于级联中固体附着物的累积，必然会导致离心机分离性能的下降，分流比减小，混合损失增大，从而使级联的年分离功逐年下降。

针对此问题，离心法铀浓缩工厂开展了采用化学方法清除主机内沉淀的固体粉末的研究与实践，对离心级联主机的料管进行清洗疏通，有效恢复了离心级联的分离性能。这一技术的应用属国内首创，国际领先地位。

其实，可用于主机清洗的介质很多，除了三氟化溴以外，还有氟气、三氟化氯、五氟化碘、七氟化碘等等均可用于清洗疏通有堵的离心机。这些介质都具有强氧化性、强腐蚀性，危险性较大，在使用中要趋利避害，在降低介质对设备危害性的同时实现对离心机有堵料管的疏通，恢复离心机的分离性能。

3.11.2 三氟化溴物理化学性质

三氟化溴（BrF_3）是一种无机化合物，分子量为 136.99。临界温度：327 ℃；饱和蒸气压：2.55 kPa（气体，40 ℃）；易溶于硫酸、无水氟化氢等许多种无机氟化物。在常温常压下为无色或淡黄色液体，是一种良好的非水溶剂；三氟化溴化学性质很活泼，是强氧化剂，能使可燃物或有机物着火，在火场中能助长火势；暴露在空气中能发生浓烟，空气中不燃；遇水能猛烈反应，放出剧毒烟雾，与酸类或酸雾接触也能放出毒性的溴蒸汽或氟化氢。

三氟化溴与水作用可放出 O_2，其反应式：

$$3BrF_3+4H_2O \rightarrow HBrO_3+Br_2+9HF+O_2\uparrow$$

主机清洗相关化学反应。离心机内部沉积物，一是来源于机器内部缓慢释放的氧或水分子与六氟化铀反应，生成氟化铀酰分子。这些分子比六氟化铀分子轻，故而向级联精料端方向移动。移动过程中，氟化铀酰分子逐渐相互吸引并主要沉积于精料管等部位。

另外，供料系统的原料中也存在微量氟化铀酰微粒，随供料料流进入离心机，并向精料端富集，并沉积在料管等处。

以 BrF_3 为介质来清洗离心机内的铀沉积物，反应的化学方程式为：

$$6UOF_4（固）+4BrF_3（气）=6UF_6（气）+2Br_2（气）+3O_2（气）$$

$$3UO_2F_2（固）+4BrF_3（气）=3UF_6（气）+2Br_2（气）+3O_2（气）$$

3.11.3　铀浓缩离心级联主机清洗

利用专用的主机清洗装置，将 BrF_3 气体供入待清洗机组的主机，BrF_3 与待清洗离心机中的固体粉末反应生成 UF_6、Br_2 和 O_2 等易挥发性气体，然后通过收料管线收到专用的收料容器中。其工艺流程如图 3-13。

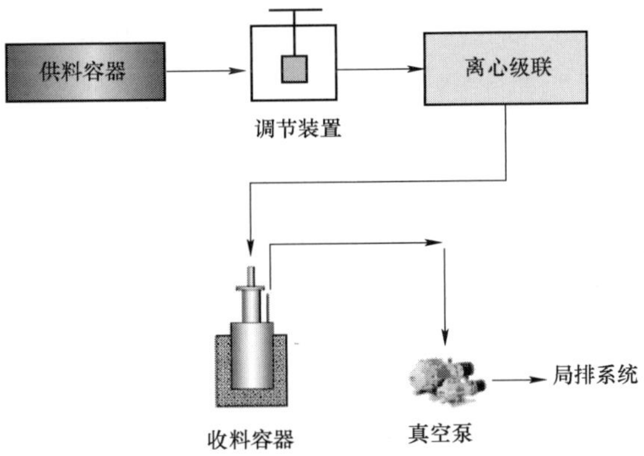

图 3-13　铀浓缩离心级联主机清洗流程图

3.11.4　主机清洗混合工质分离及无害处置

三氟化溴与离心机内部沉积物发生反应，产生的混合物包含 UF_6、Br_2、O_2 和未反应的 BrF_3 等，其中 O_2 可以通过净化分离出去，剩余的尾料主要是包含 BrF_3、UF_6、Br_2 的混合物。这种混合物，大部分是可回收再利用的，包括分离提取 UF_6 作为原料使用、分离提取 BrF_3 作为主机清洗的工作介质使用，再对剩余的 Br_2 进行安全无害处理。

提取的六氟化铀可回收再利用，无疑会提高很多经济效益。而混合物中剩余的溴、氟化氢等物质，由于经济价值不高，就没有必要再做进一步的分离、提取及回收工作。但是，这部分的混合物仍具强腐蚀，化学毒性强，必须认真进行无害化处置，消除巨大的安全隐患。

第4章

含铀含氟废水处理

4.1 概 述

随着核技术及原子能工业的发展，及越来越广泛的应用，含铀放射性废水的种类和数量也越来越多。其来源也非常广泛，在铀矿的开采、铀的加工过程、反应堆的运行、反应堆燃料的后处理、生产过程以及使用放射性同位素等过程中都会排放大量的放射性废水。此外，工厂、核电站、实验室等都会产生含铀废水的正常排放，各种核武器实验、核战争以及异常核事故，也会产生含铀废液。

铀元素属于放射性的重金属元素，由于铀元素所放射出的α射线，会对人体及动植物造成放射性的辐射伤害，如果任其排放到环境中，废水中放射性核素还能进入到地下水中，对农业、工业以及人类健康造成都会造成重大的影响。废水中的铀对环境的污染主要是水中的放射性核铀可通过内辐射和外辐射两种途径对动植物甚至是人造成多种的损伤和致病效应。其中外辐射指的是废水中的辐射体直接对人体的辐射以及人在被放射性废水污染的水体中活动（如游泳或划船）时受到的辐射。内辐射则是指放射性核素进入人体后所产生的辐射。含铀中的放射性核素可通过食物链进入到人体中，因此一旦放射性核素进入食物链，将会层层积累，不断富集，最终居于食物链顶层的人类会将其摄入体内，摄入超标时，会遭受到巨大伤害（如皮肤起红斑，白血球、红血球或血小板减少，白血病，癌症等）甚至死亡。此种伤害一般都是具有遗传性的，会危害到几代人。

放射性废水的来源有着非常广泛的途径，有以下途径：铀矿山开采过程中产生的废水、矿山废水、反应堆产生的废水、核电站运行产生的废水、实验室科研产生的废水、铀水冶过程中产生的废水、核燃料制作过程中产生的废水、核燃料后处理产生的废水、各种核武器试验产生的废水、异常事故产生的废水。按照放射性活度的高低分类是目前比较广泛的放射性废水分类方式之一，该分类方法是按照水体中放射性浓度A_V来分类的。

放射性废水中铀浓度跟废水来源途径有着紧密的联系，来源途径的不同直接导致了水体中铀浓度的差异，在此需要说明的是，尽管水体中浓度铀浓度存在差异，但是铀在废水中存在的形态却是大同小异，铀存在的形式绝大部分是以Ⅵ、Ⅳ两种化合价态体现的。Ⅳ价态的的铀在溶液中比较溶液与无机碳反生化学反应，最终沉淀下来，但是Ⅵ价态的的铀（存在于溶液中大多数是以UO_2^{2+}形式），在溶液中，能较好的以离子的形式存在，因而在一定程度上造成了去除的困难，大多数的去除铀研究工作都是围绕着Ⅵ价态的的铀及其化合物进行开展的。含铀放射性废水的特点有：（1）铀主要是以Ⅵ、Ⅳ两种化合价态与其他离子、化合物等物质共存于放射性废水中；（2）放射性废水中不只是含有铀一种放射性核素，还有其他天然的放射性核素存在，如：镭、钍、铅等，这些元素的半衰期 $T_{1/2}$ 非常的长，铀是一种半衰期（4.5×10^9 年）很长的天然放射性核素，但是废水的比活度相对来说要比较的低；（3）从产生之初，就开始不断向周围环境辐射，产生放射性，从不间断；（4）废水中铀元素的放射性活度不能通过自然的阳光、温度等方式来改变，放射性是其固有的属性，意图用任何物理或者化学的方法来改变其放射性都是徒劳无功的；（5）废水中的放射性在生物体内会有累积效应，通过电离辐射的方式来发射射线；（6）组成放射性废水的成分及其的复杂，除了天然放射性核素的存在之外，很多其他的化学有害物质也经常在废水中被发现；（7）含铀废水中的成分较为复杂，有害物质种类繁多，除了含有镭、铀等重金属放射性元素外，一般还含有其他大量的有毒有害的化学物质。

传统上，含铀废水的处理方法主要有：化学（混凝）沉淀、离子交换、蒸发浓缩、吸附等物理、化学、生物方法。含氟废水的处理方法有：电化学法、离子吸附交换法和化学混凝沉淀法等，近来，又出现了液膜分离法及絮凝法等新的处理手段。值得一提是絮凝法，它是在化学混凝沉淀法的基础上，加入絮凝剂进一步加以处理，特别是近来天然改性高分子絮凝剂的推广应用，使得絮凝剂处理含氟废水不但效果好，速度快，而且成本低，操作简单，易于推广。

目前铀浓缩厂所处理的含铀含氟废水来源于清洗处理各类容器产生。废水通过过滤、调配后进入离子交换塔进行富集处理，吸附尾液进行石灰沉淀处理，处理后废水中的［U］及［F^-］达到国标后在废水池暂存，待雨季期进行排放。

废水处理厂房包括工作区和生产操作区，生产操作区主要包括三个部分，一是固体物清洗部分，主要承担取样器等清洗任务；二是废水处理部分，主要承担处理容器清洗及其他工艺厂房生产过程中产生的发射性废液，使废水达到国家允许的排放标准后排放，废渣暂存；三是溶液处理部分，主要是从废水处理的吸附再生液中回收铀。此外本厂房还承担了沾污工作服的清洗任务。按设备流程生产操作区又可：废液库、废水处理系统、辅助系统。

设计上本厂房所得产品为 ^{235}U 丰度小于 5%的重铀酸铵。近些年在传统方法上挖掘潜能，通过科研项目、QC 活动等方式成功的将三塔串联吸附、钙盐联合沉淀法、吸附尾液返回调配等方法应用到生产实际中去，在减渣、减排方面取得了良好的效果。

4.2 基础知识

4.2.1 化学反应速率

4.2.1.1 化学反应速度

1. 化学反应速度的含义

各种化学反应进行的快慢相差很大，有的进行的快，几乎瞬间就能完成，有的进行的很慢，甚至常年累月也看不出说明变化。因此，化学反应进行快慢的程度，叫做化学反应速度，它是用单位时间内反应物浓度的减少或生产物浓度的增加来表示，其单位为mol/（L•min）或 mol/（L•s）。

在化学反应中，反应物的减少与生成物的增加是按反应方程式的定量关系表示的。当各物质的系数不同时，用不同的反应物或生成物表示的反应速度量值是不同的（但所反映的速度快慢时一样的）。例如，假设在合成氨的反应中：

	N_2	+	$3H_2$	$\rightleftharpoons$	$2NH_3$
开始时浓度（mol/L）	2		2		0
2 秒后的浓度（mol/L）	1.6		0.8		0.8

则：

用 N_2 的浓度减少量表示反应速度为：

$$v_{N_2}=(2-1.6)/2=0.2\ [\text{mol/（L•s）}]$$

用 H_2 的浓度减少量表示反应速度为：

$$v_{H_2}=(2-0.8)/2=0.6\ [\text{mol/（L•s）}]$$

用 NH_3 的浓度增加量表示反应速度为：

$$v_{NH_3}=(0.8-0)/2=0.4\ [\text{mol/（L•s）}]$$

以上表示的反应速度是在这段时间内的平均速度。各物质反应速度的比恰好就是反应方程式中的系数比。

2. 影响化学反应速度的因素

影响化学反应速度的因素很多，其中以反应物质本身的性质量为主要。但对于同一反应，当外界条件（温度、压力、催化剂等）不同时，反应速度也会发生改变。

（1）浓度　在其他条件不变的情况下，增加反应物浓度，可以增大反应速度。

在化学反应中，增加反应物浓度，有利于各物质分子之间的相互接触乃至增加发生碰撞的次数。但发生碰撞仅是提供化学反应的机会，不是每次碰撞都能发生化学反应。能引起化学反应的碰撞较有效碰撞，能产生有效碰撞的分子叫活化分子。活化分子比一般分子具有较高的能量。活化分子具有的最低能量与普通分子具有能量的平均值之差就是活化能。

（2）温度　温度对反应速度的影响非常大。

通过大量实践证明，在其他条件相同时，温度每升高 10 ℃，反应速度大约加快 2～4 倍。这是由于温度的升高，使分子的热运动速度加快，同时，使某些分子获得能量而变为活化分子，增加了活化分子的百分数，即分子间的有效碰撞次数增加，致使反应速度加快。

（3）催化剂　对于化学反应，凡能改变反应速度，而本身组成与质量在反应前后保持不变的物质称为催化剂。催化剂能改变反应速度的作用，叫作催化作用，有催化剂参加的反应叫做催化反应。使用适量的催化剂可以加快或减慢反应速度。能加快反应速度的催化剂叫正催化剂，能延缓反应速度的催化剂叫作负催化剂。

催化剂之所以能增加反应速度，是由于催化剂能改变特定反应的历程和降低活化能。

（4）压力　对于有气体参加的反应，当其他条件不变时，增大压力会使反应速度增大。这是因为对气体加压后就会使一定量气体的体积减小，相当于增大气体的反应浓度，所以增大压力反应速度也必然加快。

对于只有液体或固体参加的化学反应来说，压力的改变对它们的体积影响极小，可以认为对反应速度没有影响。

此外，其他因素如光、超声波、放射线以及反应物颗粒的大小、扩散速度、溶剂等，对反应速度都存在不同程度的影响。

4.2.1.2　化学平衡

1. 可逆反应与化学平衡

在一定条件下既能向正反应方向（从左到右），同时也能向逆反应方向（从右到左）进行的反应，叫作可逆反应。例如：

$$N_2 + 3H_2 \rightleftharpoons 2NH_3$$

通常用“$\rightleftharpoons$”表示可逆反应。对于化学反应，可逆性是比较普遍的，但其程度会因化学反应的不同而有差别，有的化学反应的可逆性特别小，几乎只是正反应，像这类反应称为非可逆反应。

在可逆反应中，正反应和逆反应时同时进行的，随着反应的进行，正反应速度逐渐变小，同时，逆反应速度也逐渐从零变大，在此变化过程中，最后会达到正反应速度等于逆反应速度。这时，反应物和生产物的浓度不再变化，达到了所谓的化学平衡状态。

在一定条件下的可逆反应里，正、逆反应速度相等，反应物和生产物的浓度不再随时间改变的状态，叫作化学平衡。

有气体参加的反应，只有在密闭容器中进行的反应，才有可能达到化学平衡。

化学平衡的特点，可以用以下四个字来概括：

① 动　化学平衡时动态平衡，正、逆反应速度相等，但正逆反应仍在进行，反应没有停止，速度并非为零；

② 等　正反应速度等于逆反应速度；

③ 定　一定条件下，可逆反应大平衡时，反应物和生成物的浓度不随时间改变而保持一定；

④ 变　改变外界条件（浓度、温度、压力），原来的化学平衡被破坏，平衡发生移动，并在新的条件下建立新的平衡。

2. 化学平衡的移动

可逆反应从一种条件下的平衡状态，改变为另一种条件下的平衡状态的过程，叫作化学平衡的移动。

浓度、压力、温度和催化剂等的改变，可以使化学平衡发生移动。

（1）浓度对化学平衡的影响

浓度对化学平衡的影响如表 4-1 所示。

表 4-1 浓度对化学平衡的影响

反应物浓度	生成物浓度	平衡移动方向
增大 减小	减小 增大	向正反应方向移动 向逆反应方向移动

例如，在 $FeCl_3$ 溶液中加入溶液，可生成红色 Fe（SCN）$_3$ 和 KCl。反应式如下：

$$FeCl_3+3KSCN=Fe(SCN)_3+3KCl$$

当达到平衡后，再加入 $FeCl_3$ 溶液或 KSCN 溶液，可以看到溶液的红色加深，说明反应物浓度增大，平衡向生成 $Fe(SCN)_3$ 的方向移动。反应物若是固体或很稀的溶液，就不考虑浓度对平衡移动所产生的影响。

若一反应涉及多种反应物或生成物时，只要改变任一种反应物或生成物的浓度，就会对平衡移动产生影响。若同时改变几种反应物或生成物的浓度，则对平衡移动的影响就更大了。所以，工业生产上往往采用增大容易取得或廉价的原料的投料量，而使其他原料得到充分利用。

（2）压力对化学平衡的影响　对于有气体参加的可逆反应，改变压力能使气体反应分子数有变化的反应发生化学平衡移动。实践证明，增大反应压力，平衡向着分子数减小（即体积减小）的方向移动；减小压力，则平衡向着分子数增多（即体积增大）的方向移动。例如合成氨反应：

$$N_2 \quad + \quad 3H_2 \quad \rightleftharpoons \quad 2NH_3$$

从反应式看，反应前分子总数为 4，反应后分子总数为 2，是分子总数减少的反应，因此，增大反应压力，有利于合成氨的生成。

对于反应物和生成物都没有气体的反应，或反应前后气体体积不变的反应，改变压力都不会引起平衡移动。

（3）温度　升高温度，对正、逆反应速度都会发生程度不同的变化，所以化学平衡发生移动。实验证明，升高温度，可使平衡向吸热反应方向移动，降低温度，则平衡向放热反应方向移动。

例如：

$$2NO_2(\text{气}) \rightleftharpoons N_2O_4+ Q$$

（棕色）　　　　（无色）

从反应式可知，生成 N_2O_4 的反应是放热（$+Q$）反应，若降低温度，反应向生成 N_2O_4 的方向移动，因此，混合气体的颜色（棕色）逐渐变浅。

（4）催化剂　由于催化剂能改变化学反应历程，降低活化能，因此，催化剂仅能加快反应速度，缩短达到平衡的时间，而不能影响化学平衡的移动。

（5）化学平衡移动原理——吕·查德里原理　根据以上关于浓度、温度、压力对平衡的影星，可以概括为较普遍的规律，就是吕·查德里原理：如果改变影响平衡的一个条件如温度、压力、浓度等，平衡就向能减弱这个改变的方向移动。这就是说，处于平衡状态下的反应，增加反应物浓度，平衡向能减弱反应物浓度的方向移动；升高温度，平衡就向能降低温度的吸热方向移动；增加压力（对气体反应），平衡就向能减小压力的气体分子数减少的方向移动。

在实际生产中，运用平衡移动原理时，不仅要从理论上分析，而且要考虑反应速度、设备条件以及技术措施等实际问题。一般考虑下列几项原则：

① 增加反应物的浓度，可以提高反应速度和反应物的转化率，在生产中应选择廉价的原料过量，以提高另一原料的转化率。

② 对反应后分子数减少的气体反应，增加压力使平衡向生成物方向移动。但要注意考虑设备的安全。

③ 对放热反应，升高温度能提高反应速度，但转化率降低，最好选用催化剂和分段控制温度结合起来，力争达到较高的转化率。

④ 对同时存在几个副反应的可逆反应，必须选择合适的催化剂，保证主反应进行，控制副反应。

3. 化学平衡常数

化学平衡常数，是指在一定温度下，可逆反应无论从正反应开始，还是从逆反应开始，也不管反应物起始浓度大小，最后都达到平衡，这时各生成物浓度的化学计量数次幂的乘积除以各反应物浓度的化学计量数次幂的乘积所得的比值是个常数，用 K 表示，这个常数叫化学平衡常数。平衡常数一般有浓度平衡常数和压强平衡常数。

① 提出

1864 年，古德伯格提出化学平衡常数，成为化学平衡的动力学真实图像。

② 表达式

对于可逆化学反应 $m\mathrm{A}+n\mathrm{B}\rightleftharpoons p\mathrm{C}+q\mathrm{D}$ 在一定温度下达到化学平衡时，其平衡常数表达式为：

$$K_{\mathrm{c}}=\frac{c^{p}(\mathrm{C})\cdot c^{q}(\mathrm{D})}{c^{m}(\mathrm{A})\cdot c^{n}(\mathrm{B})} \tag{4-1}$$

③ 注意问题

在书写平衡常数表达式时，要注意以下问题：

a. 在应用平衡常数表达式时，稀溶液中的水分子浓度可不写。因为稀溶液的密度接近于 1 g/mL。水的物质的量浓度为 55.6 mol/L。在化学变化过程中，水量的改变对水的浓度变化影响极小，所以水的浓度是一个常数，此常数可归并到平衡常数中去。

对于不以水为溶剂的溶液中的反应，溶剂的浓度同样是常数。

b. 当反应中有固体物质参加时，分子间的碰撞只能在固体表面进行，固体的物质的量浓度对反应速率和平衡没有影响，因此，固体的“浓度”作为常数，在平衡常数表达式中，就不写固体的浓度。

c. 化学平衡常数表达式与化学方程式的书写方式有关。同一个化学反应，由于书写的方式不同，各反应物、生成物的化学计量数不同，平衡常数就不同。但是这些平衡常数可以相互换算。

d. 不同的化学平衡体系，其平衡常数不一样。平衡常数大，说明生成物的平衡浓度较大，反应物的平衡浓度相对较小，即表明反应进行得较完全。因此，平衡常数的大小可以表示反应进行的程度。

e. 一般认为 $K>10^5$ 反应较完全（即不可逆反应），$K<10^{-5}$ 反应很难进行（即不反应）。平衡常数的数值大小可以判断反应进行的程度。

④ 测定方法

平衡常数可以用实验方法测定，也可以利用热力学数据计算而得。

实验方法通常有化学方法和物理方法。

化学方法

化学方法是通过化学分析法测定反应达到平衡时各物质的浓度。但必须防止因测定过程中加入化学试剂而干扰了化学平衡。因此，在进行化学分析之前必须使化学平衡“冻结”在原来平衡的状态。通常采用的方法是采取骤冷、稀释或加入阻化剂使反应停止，然后进行分析。例如，要测定反应 $2H_2+O_2 \rightleftharpoons 2H_2O$ 在 2 000 ℃达到平衡时的平衡常数，可以将一定量的水置于耐高温的合金管中加热，在 2 000 ℃时保持一段时间，使之达到化学平衡。然后，将管子骤然冷却，再分析其中 H_2O、H_2、O_2 的含量，便可计算出在 2 000 ℃时这个反应的平衡常数。

物理方法

物理方法就是利用物质的物理性质的变化测定达到平衡时各物质浓度的变化，如通过测定体系的折光率、电导、颜色、压强或容积的改变来测定物质的浓度。物理方法的优点是在测定时不会干扰或破坏体系的平衡状态。

⑤ 单位

平衡常数的单位比较复杂，有标准平衡常数和非标准平衡常数之分，前者的量纲为一，后者的量纲取决于平衡常数的表达式。

根据标准热力学函数算得的平衡常数是标准平衡常数，记作 K，又称之为热力学平衡常数；用平衡时生成物对反应物的压力商或浓度商表示的平衡常数是经验平衡常数（K_p 或 K_c），或称作非标准平衡常数。中学教材中涉及的平衡常数是经验平衡常数。

大家知道，一些重要的热力学函数，如 U、H、F、G 等的绝对值是无法确定的。为了计算它们的相对大小，需要统一规定一个状态作为比较的标准，这样才不致引起混乱。所谓标准状态是指在温度 T 和标准压力（100 kPa）下物质的特定状态，简称标准态。热力学数据表中的标准态，国际上都已有明确规定。

对于反应物计量系数之和等于生成物计量系数之和的反应，其经验平衡常数是无量纲的纯数，与压力、浓度所用的单位无关，而且也等于标准平衡常数之值。

对于反应物计量系数之和不等于生成物计量系数之和的反应，则其经验平衡常数是有量纲的量，其数值就与压力、浓度所用的单位有关。也只有当压力、浓度的单位与热力学数据表中对应标准态的单位相同时，所计算的经验平衡常数数值才能与标准平衡常数数值相同。

⑥ 催化剂

对于一个确定的可逆反应来说，由于反应前后催化剂的化学组成、质量不变，因此，无论是否使用催化剂，反应的始、终态都是一样的，则反应的标准吉布斯函数变化是相等的，催化剂对化学平衡无影响。也就是说，催化剂只是改变了化学反应的动力学途径，而热力学却仅仅关注变化的始、终两态。

一个化学反应采用同一种催化剂，可以同等程度改变正、逆反应速率，而使化学平衡保持原有的状态。因此，催化剂对化学平衡常数亦无影响。

⑦ 影响因素

通常认为化学平衡常数只与温度有关，吸热反应平衡常数随温度升高而增大，放热反应则相反。但是严格说来，化学反应平衡常数是温度与压力的函数，对于不同的化学平衡常数，其情况也有所不同。

在气相反应中，所有的标准平衡常数都只是温度的函数。如果气体是理想气体，那么此时其经验平衡常数也只是温度的函数。但对于非理想气体，平衡常数受温度和压力的共同影响。

理论上，只要有凝聚相（固体或者液体）参与的反应，都是温度和压力的函数。但是，在压力变化范围不大的情况下，可以忽略压力对凝聚相体积变化的影响，即可以忽略压力对平衡常数的影响。

自由能

在热力学当中，自由能指的是在某一个热力学过程中，系统减少的内能中可以转化为对外做功的部分，它衡量的是：在一个特定的热力学过程中，系统可对外输出的“有用能量”。可分为亥姆霍兹自由能和吉布斯自由能。

吸收装置→局排。

4.3　含铀含氟废水处理方法

基于含铀放射性废水的危害，在国内外在含铀废水处理方面进行了许多实验研究与生产实践，目前含铀废水的处理方法主要有：化学（混凝）沉淀、离子交换、蒸发浓缩、吸附等物理、化学、生物方法。

4.3.1　离子交换法

4.3.1.1　基本原理

离子交换法是加入的固相离子交换剂中的离子与待处理废水中的放射性离子进行交换，从而去除放射性或其他毒害离子的一种方法。对于高浓度含量的放射性废水，该法不适宜处理。

离子交换反应

$$b(\mathrm{R-A})^{a+} + a\mathrm{B}^{b+} \rightleftharpoons a(\mathrm{R-B})^{b+} + b\mathrm{A}^{a+}$$

特点：符合质量作用定律；等当量进行的同性离子的互换反应；具有饱和性；树脂母

体和固定离子不发生变化。

1. 离子交换平衡

$$b(\mathrm{R—A})^{a+} + a\mathrm{B}^{b+} \rightleftharpoons a(\mathrm{R—B})^{b+} + b\mathrm{A}^{a+}$$

$$\frac{(\mathrm{R-B}^{b+})^a(\mathrm{A}^{a+})^b}{(\mathrm{R-A}^{a+})^b(\mathrm{B}^{b+})^a} = K' \tag{4-2}$$

$$\frac{f_{\mathrm{R-B}}[\mathrm{R-B}^{b+}]^a f_{\mathrm{A}}[\mathrm{A}^{a+}]^b}{f_{\mathrm{R-A}}[\mathrm{R-A}^{a+}]f_{\mathrm{B}}[\mathrm{B}^{b+}]^a} = K' \tag{4-3}$$

式中：f为活度系数。

2. 离子交换选择性

设：$\dfrac{f_{\mathrm{R-B}}}{f_{\mathrm{R-A}}} = C$；$\dfrac{f_{\mathrm{A}}}{f_{\mathrm{B}}} = 1$则式（4-3）可简化为：

$$\frac{[\mathrm{R-B}^{b+}]^a[\mathrm{A}^{a+}]^b}{[\mathrm{R-A}^{a+}][\mathrm{B}^{b+}]^a} = K' \tag{4-4}$$

令 $a=b=1$，则：

$$\frac{[\mathrm{R-B}][\mathrm{A}]}{[\mathrm{R-A}][\mathrm{B}]} = K' \tag{4-5}$$

设：Q 为树脂的全交换容量；q 为 B 在离子交换树脂上平衡交换量；C_0、C 为水中 B 离子的初始和平衡浓度，则

$$\frac{\dfrac{q}{Q}}{1-\dfrac{q}{Q}} = K\frac{\dfrac{C}{C_0}}{1-\dfrac{C}{C_0}} \tag{4-6}$$

式中 q_{B}/q_0 称为树脂的失效度；C_{B}/C_0 为溶液中离子残留率。若以 q_{B}/q_0 为纵坐标，以 C_{B}/C_0 为横坐标，作图可得某一 K 值下的等价离子交换理论等温平衡线。

3. 对树脂的基本要求

① 离子交换树脂必须不溶于水，也不会因为被水溶剂化而分解。

② 离子交换树脂的高聚物骨架上应有足够数量的交换基团，在树脂被水溶剂化的条件下，交换基团能电离生成能自由移动的反离子。

③ 在溶剂化的条件下，树脂内部应当有足够的空间，反离子与外部溶液中相同电荷的离子可以不受阻碍地自由扩散，进行交换。

④ 离子交换树脂必须具有化学稳定性。离子交换树脂应当不溶于无机酸、碱、盐的水溶液，也不溶于各种有机溶剂。

⑤ 离子交换树脂必须具有物理稳定性。离子交换树脂应当有足够的机械强度和使用寿命，能够耐热和耐辐照。

4. 交换容量

离子交换树脂的交换容量是树脂最重要的性能指标。由于树脂的交换容量与离子交换反应条件有关，因此有几种不同的交换容量概念。

理论交换容量：理论交换容量是指单位量（质量或体积）的 Cl^-型或 H^+型离子交换树脂中能进行离子交换反应的交换基团的总数（mol），它实际是树脂交换容量的理论值或最大值（树脂的单位量用 1 g 表示，则称为质量理论交换容量；树脂的单位量用 1 mL 表示，则称为体积理论交换容量）。

工作交换容量：工作交换容量是指在一定的工作条件下，离子交换树脂对离子的交换吸附能力。工作交换容量又可以分为：穿透交换容量、饱和交换容量和再生交换容量。

穿透交换容量：在柱式操作中，被吸附离子在流出液中的浓度达到规定的穿透浓度时，树脂所达到的交换容量。穿透交换容量不仅与具体的操作条件和离子交换反应速度有关，而且与穿透浓度的规定值有关。

饱和交换容量：在柱式操作中，被吸附离子在流出液中的浓度与流入液中的浓度相等时，树脂所达到的交换容量。饱和交换容量是动力学意义上的工作交换容量，它与具体的操作条件和离子交换反应速度有关。

再生交换容量：在指定的再生剂（或解吸剂）用量相同条件下测定的树脂交换容量。再生交换容量与再生剂的用量有关，在实际使用时，从经济原因考虑一般不要求树脂达到完全再生（或解吸），所以树脂的再生交换容量一般小于新树脂的饱和交换容量。

5. 影响离子交换的选择性

① 在常温、稀溶液中

离子价数越高，与固定离子的静电引力越大，越优先交换。

$$Cr^{3+} > Ca^{2+} > Na^+ \qquad PO_4^{3+} > SO_4^{2-} > Cl^-$$

同价离子原子序数越大，与固定离子的静电引力越大；稀土元素相反。

② 在高浓度的溶液中

由于离子的水化作用不充分，水合离子的半径接近离子半径，原子序数越大，离子半径增大，离子表面电荷密度相对减小，与固定离子的静电引力越小。

③ 树脂的结构和性质

树脂的交联度：交联度越高，选择性增加。

强酸（碱）、弱酸碱树脂的交换。

④ 溶液的温度和 pH

温度升高，K 值增大，离子和固定基团交换势增大。

pH 值：影响某些离子的存在状态，影响弱酸、碱树脂固定基团的电离。

离子交换法提取铀即用离子交换树脂从含铀液体中富集、提纯铀和制取纯铀化合物的过程。这是一种既常用于铀富集，也常用于铀提纯的方法。其工艺过程主要包括铀的吸附、铀的淋洗、离子交换树脂的再生等。

4.3.1.2 离子交换法提铀技术国内外发展状况

离子交换始于水的软化、脱盐，是随铀工业的发展而发展、完善、壮大起来的从吸附剂、设备的研制，工艺学及其相应的理论，目前已形成一个完整的生产应用体系。

离子交换技术在一系列国民经济部门中已占有重要的地位。就湿法冶金而言，离子交换技术已取得了显著的成效：稀土元素的分组、分离是一典型例子，利用离子交换色层法可分离出稀土元素化合物；大规模使用离子交换应属于有色和稀有金属工业，采用离子交换法从氧化矿中提取、分离铜、镍、钴和钼等，从而解决了火法冶炼中以解决的问题；离子交换技术特别适合于处理低品位矿石，除提取铀外，从金矿中提取金是个突出的例子，苏联用离子交换树脂直接从氰化矿浆中提取金，已发展到大规模工业应用。萃淋树脂一出现，很快就在分析化学中得到了应用，方法简便以及试剂可重复使用是其独特的优点。近十年来，以离子交换为基础的离子色谱法迅速发展，给微量分析开辟了新的途径，离子色谱仪的灵敏度可达 ppb 级，已广泛应用于饮用水监测和环保等方法。总之，离子交换材料及技术已在浓缩、分离及纯化等方面发挥着重要的作用，它已广泛地应用于水处理、电力、冶金、化工、轻工、食品、医药、农业、国防工业以及生物学、化学等。尤其是原子能事业、空间科学等新兴的尖端技术，对种种高纯度原材料的特殊要求，更与离子交换技术的应用有密切的关系。

1. 国外离子交换法提铀发展状况

铀虽然早已为人们所了解，但是作为原子能工业的主要原料还是最近五六十年的事。第二次世界大战期间，由于军事需要，加速了铀工业生产的发展。1942 年加拿大大熊湖镭厂改建成铀工厂，开始了铀的大规模工业生产。随后，美国、南非、法国、澳大利亚等国家和地区都相继建立起各自的铀工业。

从铀矿加工工业发展情况看，大致经历了三个阶段，即 1942—1960 年发展初期、1961—1966 年生产低落时期和 1967 年到现在。

（1）铀矿加工工业发展初期（1942—1960 年）

最初从铀矿石浸出液中提取铀，主要是采用化学沉淀法。阴离子交换树脂研制成功并证实它对复的吸附选择性后，马上引起了人们极大的注意。1952 年南非 West Rand 公司铀工厂，成为世界上第一家采用离子交换工艺提取铀的工厂。

美国铀矿加工工业的生产在 1960—1962 年达到高峰：工厂总数达 29 家，其中采用离子交换工艺的工厂有 13 座。当时使用的是强碱性阴离子交换树脂，如 Amberlite IRA-400。

加拿大铀矿加工工业发展较早，1942 年镭锭港厂投产。50 年代先后建立起一批铀水冶厂，如 Quirke，Denison 等。1960 年前后，加拿大有 19 座铀水冶厂在运转，仅次于美国，居资本主义世界的第二位。其工艺流程大致相同，均为硫酸浸出-清液离子交换。

南非铀矿加工工业的特点之一是与金矿有密切联系：矿石中金、铀品位较低；采用从提金后的氰化尾矿中回收铀的工艺流程、20 世纪 50 年代南非的 17 座铀水冶厂中 16 座是采用离子交换工艺的。这种离子交换工艺占统治地位的局面一直延续到 20 世纪 60 年代末。

澳大利亚、法国等也在其铀矿加工工业中应用和发展了离子交换技术。

这一阶段铀湿法冶金技术发展的另一个标志是在日内瓦于 1955、1958 年相继召开了两次和平利用原子能的国际会议。在第一次会议上，专门论述了离子交换树脂及其提取铀的方法，特别是美国介绍了铀矿加工工业中采用的筐篮式矿浆吸附法，第二次会议对离子交换法回收铀作了更多的介绍：树脂特点和使用情况；工艺过程和设备以及有关的试验工作。

（2）铀矿加工工业生产低落时期（1960—1966 年）

国外铀生产最低年份是 1966 年，总产量约为 1.7 万吨，不到 1959 年的一半。许多铀水冶厂及矿山，这时纷纷倒闭、停产。这与美国对铀需求量的减少有关。但是，与此同时，有些国家的铀矿加工却有些发展：法国 20 世纪 50 年代兴建的 4 座铀水冶厂产量逐渐上升；其他国家陆续兴建并投产了一些规模较小的工厂和实验车间，其中采用离子交换工艺的有瑞典的 Randstard、西德的 Ellweiler、印度的 Jadugcda 等工厂。

此期间，铀工艺的研究工作还是取得了一定的进展。例如，铀矿石的堆浸法、细菌浸出法等，离子交换过程与萃取过程相结合的淋萃法（Eluex 法），各种类型的连续离子交换设备的研究等。1967 年在维也纳召开的“低品位铀矿石处理议”可以作为这一阶段各国铀矿加工工业生产技术发展状况的一次检阅。

（3）铀矿加工工业发展的第三阶段（1967 年以后）

随着能源问题在世界范围内日益突出。核能利用的发展促使铀生产迅速增加。据统计，截止至 1983 年底世界运行的核电站总数为 301 座，功率为 20 317 万 kW，另外 212 座电站在建造中。20 世纪 70 年代以来建设的水冶厂多数选用清液萃取流程和淋萃流程。为了与萃取法相竞争，离子交换法沿两个方向发展：提高工艺过程的效率和改善对铀的选择性。1969 年 Kunin 报道了 Amderlire XE-270 弱碱性阴离子交换树脂。1971 年投产的美国希尔利盆地厂首先使用了该树脂。以后美国的尤拉文厂也采用它。生产证明，这种树脂选择性高、解吸动力学性能好。连续逆流离子交换是提高该工艺主要手段。美国矿务局研制并报道了多级逆流吸附塔的情况，表明该装置在投资和经营费用方面均较萃取法有明显的优越性。加拿大、英国、南非等也都在这一方面进行了研究。现在流化床连续逆流离子交换装置在工业生产中已有较广泛的应用。该阶段的另一个特点是低品位铀矿石和含铀资源的综合回收问题有了相当的进展。继 1966 年在维也纳召开了以低品位铀矿石加工为主题的国际会议，1970 年又于巴西的圣保罗召开了会议，专门讨论了从铀矿石及其他含铀资源中提取铀的技术问题。

总之，随着对铀的需求量迅速增加，而易处理的高品位的铀资源减少，带动了铀水冶工业的发展：低品位铀矿石和其他含铀资源逐步被利用并有进一步发展的趋势；提取铀的新工艺、新技术的研究到应用的周期缩短等。离子交换法对于处理低品位铀矿石或其他铀含量较少的物料是关键环节，由不同类型的连续逆流离子交换设备和性能优良的离子交换剂的研制成功和应用，使得离子交换法从矿浆和浑浊液中提铀再次显示出其明显的优越性；淋萃流程被广泛应用。

2. 国内离子交换法提铀发展状况

我国是在 20 世纪 50 年代中期开始筹建核燃料工业。地质勘探、矿山开发、铀矿加工、产品精制等一系列工业体系都是从无到有逐渐创立和发展起来的。在 20 世纪 60 年代初创建了第一批核燃料生产基地，及时地为原子能工业提供了数量相当可观的核燃料。随后在总结生产实践经验的基础上研究成功和采用一些新工艺、新技术，并陆续投产了一批铀矿石和水冶厂，初步形成了具有一定特色的我国独立的铀矿加工工业体系。

中国科学院、高等院校和各工业部门的科研单位对各种有机合成材料进行了广泛的研究，其中包括铀水冶中常用的各种材料，特别是提取和分离铀的各种有机材料，如离子交换剂、萃取剂、絮凝剂等。机械性能好、吸附铀容量高的国产 201×7 强碱性阴离子交换树脂的试制成功，为发展我国铀矿加工工艺提供了一种可靠的提取铀的有机材料，是发展离子交换矿浆吸附铀的必要前提。现在我国已经掌握了一系列离子交换剂的制造技术。生产出苯乙烯、乙烯吡啶、多乙烯胺等体系的多种类型离子交换树脂。制造出凝胶结构和不同网孔结构的离子交换树脂。研制并生产单一官能团、多官能团的阴、阳离子交换树脂和两性离子交换树脂等。

根据我国铀矿石的特性和其他具体条件，科研和设计人员积极开展了从矿浆中提取铀的研究工作。矿浆吸附铀工艺在 20 世纪 50 年代和 20 世纪 60 年代初期是一种比较先进的技术。经过实验室试验、扩大试验、半工业试验等一系列工作，最后在我国的工业生产中实现了该工艺过程。生产经验表明，矿浆吸附铀这一技术具有生产能力大、适应性强、省掉固液分离工序等一系列优点，特别是流态化分级洗涤技术，使得矿浆吸附铀工艺在工业上得到进一步的发展和完善，充分显示出矿浆吸附法处理低品位铀矿石的优越性。

针对各种矿床矿石的特点，研究并成功地在工业生产上采用一系列工艺流程：酸法浸出—泥沙分离—矿浆吸附；酸法浸出—固液分离—清液萃取；酸法浸出—固液分离—清液离子交换；碱法浸出—固液分离—萃取；堆浸、地下爆破浸出—密实移动床—吸附淋洗；原地地下浸出—密实移动床吸附淋洗；拌酸熟化薄层渗滤浸出—清液萃取等，在铀矿湿法冶金技术上发展了一整套适用于我国具体条件的工艺技术，初步建立起我国自己比较完整的铀矿加工工业体系。

针对我国矿石的具体条件，早在 20 世纪 60 年代初成功地研制出从矿石中直接制备高纯铀产品，采用硫酸浸出—溶剂萃取—结晶反萃取、碳酸钠浸出—季铵萃取（液体离子交换）—碳酸铵结晶的反萃取工艺流程和硫酸浸出—矿浆吸附—萃取结晶反萃取工艺流程，业已投产的工厂实践证明，这 3 种流程所得产品纯度均很高、经济效果也好，尤其第二流程，还可从低品位矿石不经纯化直接生产高纯铀产品，并在一定程度上减少工业废水的处理。

为了扩大铀资源、合理回收有用组分，开展了含铀资源的综合回收的研究工作。对从含钼、铜、铁、稀土元素等的铀矿石中回收铀和有用组分进行了大量的探索工作；成功用离子交换法、萃取法综合回收铀、钼、铜、铁、铼等的工艺流程；从湿冶磷酸中回收铀已有一定规模的工业生产；含铀煤的开发，不仅回收了铀而且能充分利用热能发电。此外，开展了从矿坑水中回收铀的研究，并建成了几个采用离子交换法从矿坑水回收铀的装置和车间。

总之，在我国铀矿加工工业发展的十多年中，针对我国地质资源的特点，成功地研究和建立了自己的工业体系；掌握了核燃料的生产技术，生产出各种规格的铀产品。由于我国铀矿石以低品位为主，针对低品位铀矿石提取所开发的新工艺、新设备、新材料等已达到或超过国际先进水平。

4.3.1.3 离子交换法提铀基本原理

1. 铀酰离子在水溶液中的基本化学性能

（1）铀的络合作用

在铀水冶中最常见也是最重要的铀的氧化态为正六价。由于铀（Ⅵ）离子的电子构型，即在 5f6d7s7p 上共有 16 个空轨道，因此它的最高配位数似乎可达 16。但是，最常见的配位数是 8。在适当的水溶液中，铀以铀酰离子 UO_2^{2+}形态存在，呈亮黄色。在 UO_2^{2+}中，铀与氧原子紧密结合，其原子间距离为 $(1.7\sim2.0)\times10^{-10}$ m，实际上成了共价键，在化学反应中往往作为一个相当稳定的整体。UO_2^{2+}中的铀，可进一步与其他配位体形成配位键，由于铀的极化作用，这种配位键的性质也偏于共价键，铀与这些配位原子间的距离约为 $2.2\sim3.0\times10^{-10}$m。铀与 8 个配位原子形成的络合物，其中 6 个配位原子围绕铀构成规则的、有些皱折的六角形，并与直线结构的铀酰基团相垂直，为六角形双棱锥式结构。在水溶液中，由于水分子对 UO_2^{2+}有一定的配位能力，因此，实际上 UO_2^{2+}总是以水化离子形态存在，如 $UO_2(H_2O)_6^{2+}$。当水溶液中同时存在与 UO_2^{2+}有一定络合能力的阴离子时，视这些阴离子的配位能力及含量，可以生成一系列络合物，如 $UO_2(SO_4)(H_2O)_4$、$[UO_2(SO_4)_2\cdot(H_2O)_2]^{2-}$、$[UO_2(SO_4)_3]^{4-}$、$[UO_2(CO_3)_2(H_2O)_2]^{2-}$、$[UO_2(CO_3)_3]^{4-}$等。铀酰离子与常见的无机配位体形成络合物的能力如下：

$$CO_3^{2-}\geqslant O_2^{2-}>OH^->F^->SO_4^{2-}>Cl^->NO_3^->Br^->I^-$$

（2）铀酰离子的水解及沉淀

铀在水溶液中的价态包括：三价、四价、五价和六价。三价铀离子是强还原剂，易被氧化为四价和六价。四价铀能够被溶液中的氧缓慢氧化为六价。五价铀在酸性溶液中会发生歧化反应，一部分被还原为四价，一部分被氧化为六价。通常情况下，水溶液中的铀为六价 U（Ⅵ），对废水中铀的净化也就是去除 U（Ⅵ）。不同 pH 值下 U（Ⅵ）的存在形式不同，当 pH＜2.5 时，溶液中的 U（Ⅵ）以游离铀原子有六个价电子的形式存在；当 pH＞3 时，UO_2^{2+}离子发生水解，水解产物 $UO_2(OH)$、$(UO_2)_2(OH)_2^{2+}$和$(UO_2)^3(OH)_5^{2+}$等。随着 pH 的升高，UO_2^{2+}离子的最终水解产物包括铀酸、多铀酸和 $UO_2(OH)_2$ 沉淀。一般认为，水溶液 pH≥3 时，铀酰离子发生水解，生成一系列聚合离子。对于铀酰离子的水解作用，很多人作过研究。西伦曾提出“中心键”机理来说明这种水解作用的各个阶段及生成物的种类。根据这一理论，铀酰离子能构成带有两个 OH 桥的片状络离子，所带的电荷数为 2，其通式为：$UO_2[(OH)_2UO_2]_n^{2+}$式中，n 值为 1～6。戴安邦等用聚沉法测定了铀酰离子水解聚合产物所带的电荷，证实了电荷数确实为 2。铀酰离子水解的最终产物是铀酸和多铀酸的氢氧化物沉淀。一般，溶液中铀浓度越高，析出该种沉淀所需的 pH 越低。

在硫酸浸出液中，铀常以$[UO_2]^{2+}$、UO_2SO_4、$[UO_2(SO_4)_2]^{2-}$和$[UO_2(SO_4)_3]^{4-}$四种形态存在。此外，浸出液中还有大量 Fe^{3+}、Al^{3+}、Ca^{2+}、Mg^{2+}等杂质阳离子。阳离子交换树脂虽能吸附$[UO_2]^{2+}$，但吸附选择性差，在吸附$[UO_2]^{2+}$的同时还吸附大量杂质阳离子，从而降低了铀的吸附容量，故难以采用。强碱性阴离子交换树脂吸附$[UO_2(SO_4)_2]^{2-}$和$[UO_2(SO_4)_3]^{4-}$配阴离子的效果较好。

在碳酸盐浸出液中，六价铀的存在形态为三碳酸铀酰配阴离子（$[UO_2(CO_3)_3]^{4-}$）。因此，强碱性阴离子交换树脂既能从硫酸浸出液中吸附铀，又能从碳酸盐浸出液中吸附铀。

2. 阴离子交换树脂对铀的吸附作用

铀工业常用的离于交换树脂是强碱性阴离子交换树脂，其骨架由苯乙烯和二乙烯苯聚合而成，球体是多孔或大孔的、凝胶的，带有季铵基活性功能基（[R4N]＋X–）。这类离子交换树脂的性质稳定，机械强度高，对铀的选择性和吸附性能都好，每克干离子交换树脂的总吸附容量为3.5～4.5毫克当量。此离子交换树脂的氯型结构式为：

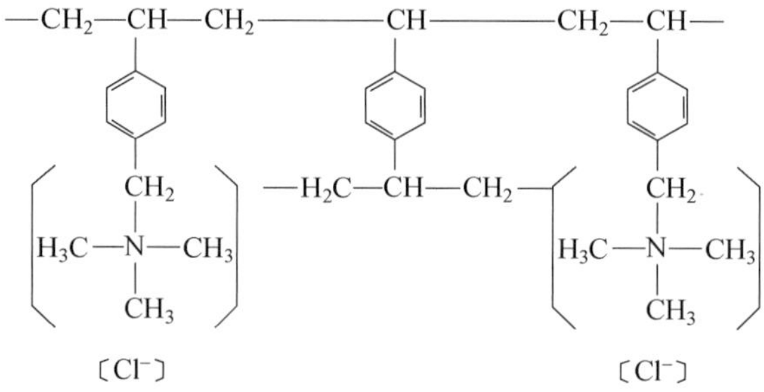

这是一种空间网状结构，离子交换树脂功能基中的可交换离子，均匀地分布在网状空间的内部。国际上常用的离子交换树脂有安伯莱特（Amberlite）IRA-400、IRA-425，道埃克斯（Dowex）21K，神胶808和AB-17等，而我国产的型号为201×7。目前我公司吸附过程中就是采用的201×7型树脂，其吸附反应为：

$$4(R_4N)^+X^- + [UO_2(CO_3)_3]^{4-} \leftrightarrows (R_4N)_4[UO_2(CO_3)_3] + 4X^-$$

厄凯耳等对季铵型强碱性树脂在碳酸盐系统中对铀的吸附，以及随后的淋洗解吸性能做了较深入的研究。他们认为铀在碳酸盐溶液中虽然可能以二碳酸铀酰络合离子$[UO_2(CO_3)_2(H_2O)_2]^{2-}$及三碳酸铀酰络合离子$[UO_2(CO_3)3]^{4-}$两种形式存在，但由于前者在过量的碳酸根或碳酸氢根存在下，能转变成后者，或者说当水溶液中的碳酸根离子与铀酰离子的比例大于3时，只有$[UO_2(CO_3)_3]^{4-}$存在，因此在一般的碳酸盐铀溶液中，铀是以三碳酸铀酰络合阴离子形式被季铵型强碱性树脂所吸附的。在上述情况下，除铀酰络合离子外，碳酸根离子亦能被树脂所吸附，所以当水相中游离的碳酸根浓度增高时，阴离子交换树脂对铀的吸附容量显著下降。

3. 影响吸附的一些因素

（1）溶液pH对吸附的影响

溶液的pH对吸附的影响包括两个方面：一是不同的pH时，树脂吸附铀的能力有很大的差别；二是不同的pH时，各种共存离子对铀吸附造成干扰的程度也不同。

铀的吸附与溶液中CO_3^{2-}和HCO_3^-的浓度有关，过高的CO_3^{2-}浓度导致铀吸附容量下降，一般不应使CO_3^{2-}浓度超过5%，溶液中HCO_3^-/CO_3^{2-}比值增加也不利于吸附，对于一个确定的吸附溶液，降低pH即会增加HCO_3^-/CO_3^{2-}比值，HCO_3^-一方面同铀争夺树脂上的交换位置，另一方面会减少碳酸铀酰离子的形成，结果都会使铀的吸附减少，溶液的 pH 值从 10 降到 9 时，铀的吸附容量也会减少。

（2）温度对吸附的影响

温度升高可以增加离子交换树脂对铀的吸附速率，温度升高可缩短树脂与铀酰络合阳离子达到吸附平衡所需的时间。但是，温度对树脂吸附铀的容量没有明显的影响。

（3）树脂粒度对吸附的影响

同样的树脂，细粒树脂与粗粒树脂相比，吸附时与溶液接触面积大，因此比粗粒的交换速率快、饱和容量高。同时细粒比粗粒的更容易达到完全反应，故吸附铀的容量也要高一些。

（4）各种离子对树脂吸附铀的影响

铁离子

在处理酸性废水时，铁是主要的干扰离子。中性或弱碱性废水中含的铁一般不会太高，也就不存在铁的干扰，但主要要注意防止铁生产氧化物包裹在树脂表面，影响正常离子交换的进行。

氯离子

氯离子的存在一方面会与铀争夺树脂上的交换位置，另一方面还会妨碍碳酸铀酰络合阴离子的生成。如果氯离子浓度在 0.05 mol/L（1.775 g/L）以下对铀的吸附干扰不大，超过此值，则树脂吸附铀的容量随着氯离子浓度的增加而减少，当氯离子浓度达到 1 mol/L 时，就可以把铀定量淋洗下来。

硝酸根离子

硝酸根对树脂吸附铀造成的影响原因与氯离子相似，但它的影响比氯离子更厉害，例如：当溶液中氯化物的浓度为 0.1 mol/L 时，树脂的铀饱和容量比不含氯化物的类似溶液降低 38%，但是，加入同样浓度的硝酸盐至该溶液中时，铀的饱和容量将下降 68%。

与氯离子不同的是，硝酸根和铀不生成络合阴离子。

硫酸根

由于硫酸根浓度会影响硫酸铀酰络合阴离子的生成，因此，硫酸根的浓度对铀的吸附也有影响，一般说，铀浓度较高和硫酸根浓度的溶液可得到较高的铀吸附容量，当硫酸根浓度与铀浓度比大于 2:1 时，增加硫酸根浓度将会使铀的吸附容量降低。

（5）有机物对树脂吸附铀的影响

有机物分子比较大，进入树脂能将树脂空隙堵住从而使树脂中毒。树脂被有机物污染后，外观呈棕褐色，严重时呈黑色。对于一个稳定的体系中，废水所含的有机物不多，树脂经长时间的运转才会呈现出被有机物污染的现象，此时树脂呈褐色或深褐色，当采取解毒措施后树脂的颜色可以变浅，解毒剂一般用 10%NaCl+4%NaOH 溶液，如轻度污染，还可降低解毒剂浓度。

4.3.1.4　离子交换过程和设备

1. 离子交换过程

离子交换主要分为 4 步，具体过程如下：

① 离子从溶液主体向颗粒表面扩散，穿过颗粒表面液膜。

② 穿过液膜的离子继续在颗粒内交联网孔中扩散，直至达到某一活性基团位置。

③ 目的离子和活性基团中的可交换离子发生交换反应。

④ 被交换下来的离子沿着与目的离子运动相反的方向扩散，最后被主体水流带走。

上述几步中，交换反应速率与扩散相比要快得多，因此总交换速度由扩散过程控制。

2. 影响离子交换扩散速度的因素

（1）液膜扩散

1）离子浓度

溶液离子浓度低，树脂交换容量大时，液膜扩散受阻。溶液离子浓度过高，树脂易发生收缩现象，内扩散受阻。

2）水流速度

水流速度增加，水膜变薄，液膜扩散加快。

3）树脂颗粒的大小

树脂颗粒小，比表面积增加，利于液膜扩散。

（2）树脂颗粒内扩散

1）离子电荷

离子电荷越大，扩散系数越小，不利于液膜扩散。

2）树脂交联度

交联度越低，树脂网孔越大，有利于离子的内扩散。

3）离子的水化度

离子水化程度大，水合离子半径越大，不利于离子的内扩散。

4）水溶液的温度

提高水温同时加快液膜扩散和颗粒内扩散。

3. 再生

通过树脂再生，一方面可恢复树脂的交换能力，另一方面可回收有用物质。固定床再生操作包括反洗，再生和正洗三个过程。有时再生后还需要对树脂做转型处理。

（1）再生剂种类

强酸性阳树脂用 HCl 或 H_2SO_4 等强酸及 NaCl、Na_2SO_4 再生；

弱酸性阳树脂用 HCl、H_2SO_4 再生；

强碱性阴树脂用 NaOH 等强碱及 NaCl 再生；

弱碱性阴树脂用 NaOH、Na_2CO_3、$NaHCO_3$ 等再生。

（2）再生剂用量

树脂的交换和再生均按等当量进行。理论上，再生剂可以恢复树脂的交换容量，但实际上再生剂用量比理论值大得多。

实验证明，再生剂用量越多，再生效率越高。但当再生剂用量增加到一定值后，再生效率随再生剂用量增长不大。因此再生剂用量过高既不经济也无必要。

（3）再生方式

1）顺流再生

特点：

① 设备简单，操作方便，工作可靠；

② 再生剂耗量大，2～3 倍理论值时，效果仍不理想；

③ 上部再生程度高，下部差，越是下部越差；

④ 出水剩余硬度高；

⑤ 交换器失效早，降低工作效率，工作交换容量降低；

⑥ 适合于硬度较低的场合。

2）逆流再生

特点：

① 再生剂耗量少（比顺流法少 40%左右），再生效率高，而且能保证出水质量；

② 设备较复杂，操作控制较严格；

③ 原水水质适应范围扩大，对硬度较高原水仍能保证出水水质；

④ 工作交换容量提高。

4. 离子交换设备

（1）离子交换设备的分类

离子交换设备是一种传统的、工艺成熟的脱盐处理设备，其原理是在一定条件下，依靠离子交换剂（树脂）所具有的某种离子和预处理溶液中同电性的离子相互交换而达到软化、除碱、除盐等功能。离子交换器类似压力滤池，外壳为一钢罐；离子交换通常采用过滤方式，滤床由交换剂构成，底部为附有滤头的管系。

根据离子交换的操作方式不同，可分为静态和动态交换设备两大类。

静态设备为一带有搅拌器的反应罐，反应罐仅作静态交换用，交换后利用沉降、过滤或水力旋风将树脂分离，然后装入解吸罐（柱）中洗涤和解吸。

动态交换设备按操作方式不同分间歇操作的固定床和连续操作的流动床两类。

固定床有单床、多床、复床及混合床，结构如图 4-1 所示。

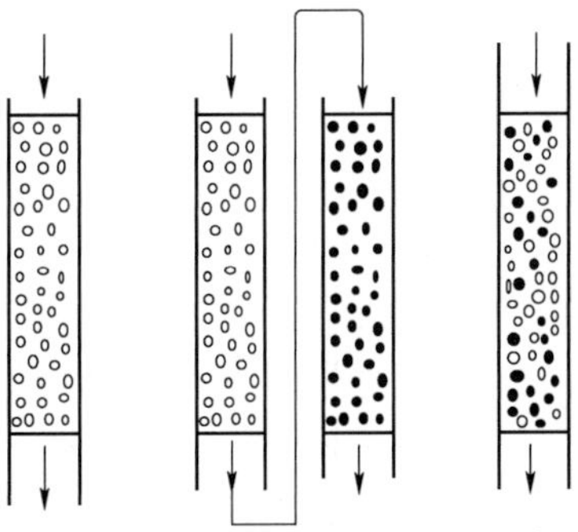

（1）单床（2）复床（3）混合床

图 4-1　固定床

（2）离子交换设备的结构

1）常用离子交换罐

常用离子交换罐的特点如下：

① 交换罐多用钢板制成，内衬橡胶，以防酸碱腐蚀。

② 小型交换罐可用硬聚氯乙烯或有机玻璃制成，实验室用的交换柱多用玻璃筒制作。

③ 几个单床串联起来便成为多床设备，操作时溶液用泵压入第一罐，然后靠罐内空气压力依次压入下一罐。

④ 离子交换罐的附属管道一般用硬聚氯乙烯管、阀门可用塑料、不锈钢或橡皮隔膜阀。

⑤ 在阀门和交换罐之间常装一段玻璃短管，作观察用。

其中具有多孔支持板的离子交换罐，结构如图 4-2 所示。

具有块石支持层的离子交换罐，结构如图 4-3 所示。

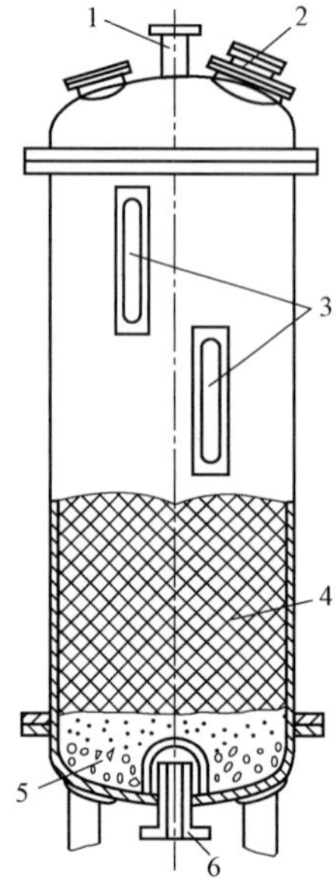

图 4-2　具有多孔支持板的离子交换罐结构简图

1. 视镜；2. 进料口；3. 手孔；4. 液体分布器；
5. 树脂层；6. 多孔板；7. 尼龙布；8. 出液口

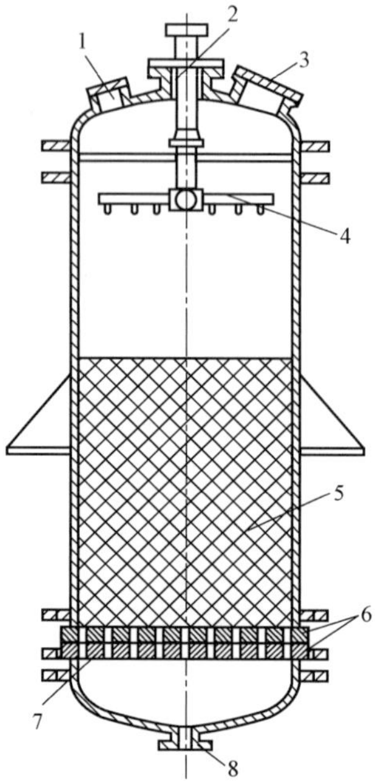

图 4-3　具有块石支持层的离子交换罐结构简图

1. 进料口；2. 视镜；3. 液位计；4. 树脂层；
5. 卵石层；6. 出液口

2）反吸附离子交换罐

溶液由罐的下部以一定流速导入，使树脂在罐内呈沸腾状态，交换后的废液则从罐顶的出口溢出，结构如图 4-4 所示。特点如下：

① 反吸附可以省去菌丝过滤，且液固两相接触充分，操作时不产生短路，死角。

② 生产周期短，解吸后得到的生物产品质量高。

③ 反吸附时树脂的饱和度不及正吸附的高。

④ 罐内树脂层高度比正吸附时低，以防树脂外溢。

3）扩口式离子交换器

扩口式离子交换器结构如图 4-5 所示。

4）连续式离子交换设备

连续式离子交换设备特点如下：

① 采用连续离子交换设备操作，交换速度快，产品质量均匀、连续化生产、便于自动控制。

② 这种操作过程中树脂破坏大，设备及操作较复杂且不易控制。

③ 目前在软水及无盐水的中间规模生产中有所采用。

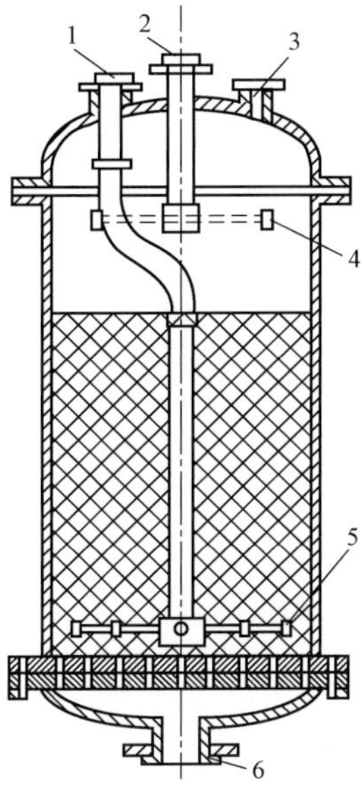

图 4-4　反吸附交换罐结构简图

1. 被交换溶液进口；2. 淋洗水、解吸液及再生剂进口；3. 废液出口；4、5. 分布器；6. 淋洗水、解吸液及再生剂出口，反洗水进口

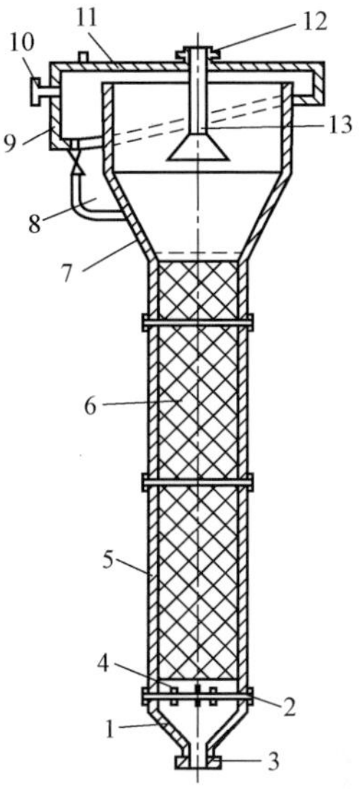

图 4-5　扩口式离子交换器结构简图

1. 底；2. 液体分布器；3. 底部液体进、出管；4. 填充层；5. 壳体；6. 离子交换树脂层；7. 扩大沉降段；8. 回流管；9. 循环室；10. 液体出口管；11. 顶盖

④ 再生后的树脂由柱顶以一定速度加入，与柱底进入的溶液逆流接触，饱和树脂在柱底流出，废液则在柱顶流出。

筛板式连续离子交换设备结构简图如图 4-6 所示。

5. 离子交换设备的计算

（1）树脂用量和罐体积

交换罐中树脂的吸附量为：

$$Q_1 = Vq \times 10^6 \tag{4-7}$$

式中，Q_1——交换罐中树脂对生物产品的总吸附量，单位：m^3/mL；

V——树脂装填量，m^3；

q——单位体积树脂对生物产品的吸附量，单位，mL。

溶液中的生物产品被树脂的吸附量为：

$$Q_2 = V_1(c_1 - c_2) \cdot 10^6 = Ft\,(c_1 - c_2) \times 10^6 \tag{4-8}$$

式中，Q_2——溶液中的生物产品被树脂的吸附量；

V_1——每批处理的溶液量，m^3；

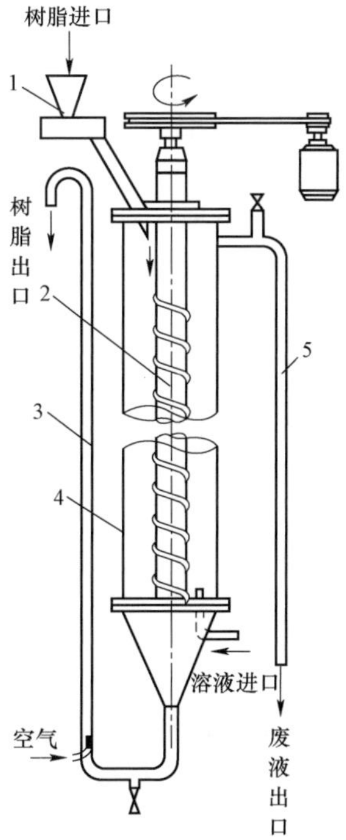

图 4-6　筛板式连续离子交换器结构简图

1. 树脂加料器；2. 具有螺旋带的转子；3. 树脂提升管；4. 塔身；5. 虹吸管

F——溶液进入交换罐的流量，m^3/h；

t——溶液通过交换罐的操作时间，h；

c_1——进口溶液中生物产品浓度，单位/mL；

c_2——出口溶液中生物产品浓度，单位/mL；

且 $Q_1=Q_2$

所以：

$$V=\frac{V_1(c_1-c_2)}{q}=\frac{Ft(c_1-c_2)}{q} \tag{4-9}$$

干树脂重量为：$m=\dfrac{V}{V_2}\times10^3$

式中，m——交换罐中干树脂用量，kg；

V_2——每克干树脂相当于湿树脂的体积，mL（湿）/g（干）。

吸附、水洗、解吸或再生所需时间可由下式求得：

$$t=\frac{V'}{F}=\frac{V'}{Vf}=\frac{V'H}{V\omega} \tag{4-10}$$

式中，t——吸附、水洗、解吸或再生所需时间，h

V'——吸附、水洗、解吸或再生所需溶液体积，m^3；

F——吸附、水洗、解吸或再生所需溶液流量，m^3/h；

f——吸附、水洗、解吸或再生的交换罐负荷，m^3（溶液）/［m^3（树脂）• h］；

H——树脂床层高度，m；

ω——吸附、水洗、解吸或再生时溶液的空塔流速，m^3（溶液）/［m^2（床面积）• h］。

$$\text{罐体积 } V_t=V/y$$

式中，V_t——交换罐体积，m^3；

y——树脂装填系数，对于正吸附，$y=0.5\sim0.70$。

罐高径比一般取 $H_t/D=2\sim3$。

（2）交换设备的放大

交换设备的放大，通常根据交换罐的负荷或溶液在交换罐中的空塔流速相同的原则进行。

1）根据交换罐负荷相同的原则放大

① 交换罐负荷是指单位时间单位湿树脂体积中所通过溶液的体积流量。以 f［m^3（溶液）/m^3（湿树脂）• h］表示，或以 1/h 表示。

② 此值的倒数为溶液与树脂的接触时间。

③ 保证大小设备的 f 值相同，即说明两者的接触时间相同。

设 qv_1、qv_2、V_1、V_2 分别表示小设备和大设备的溶液体积流量及湿树脂体积，f_1、f_2 表示交换罐负荷，则：

$$f_1=\frac{q_{v_1}}{V_1}，\quad f_2=\frac{q_{v_2}}{V_2}，$$

若$f_1=f_2$，则：

$$\frac{q_{v_1}}{q_{v_2}}=\frac{V_1}{V_2} \tag{4-11}$$

故大设备中树脂体积为：

$$V_2=V_1\times\frac{q_{v_1}}{q_{v_2}} \tag{4-11a}$$

且$\frac{q_{v_1}}{q_{v_2}}$即为放大倍数，以 m 表示，则：

$$V_2=m\cdot V_1 \tag{4-11b}$$

取大设备与小设备几何相似，即相同的高径比，由：

$$\frac{\pi}{4}D_1^2H_1=V_1，\ \frac{\pi}{4}D_2^2H_2=V_2\text{且}\frac{H_1}{D_1}=\frac{H_2}{D_2}$$

则

$$\left(\frac{D_2}{D_1}\right)^3=\frac{V_2}{V_1}=\frac{F_2}{F_1}=m_1 \tag{4-12}$$

故大设备的直径及高度为：

$$D_2=m^{\frac{1}{3}}\times D_1；\ H_2=\frac{D_2}{D_1}\times H_1 \tag{4-12a}$$

按交换罐负荷相同的原则放大十分方便，且操作时间等条件完全与小设备相同。

2）根据交换罐中溶液空塔流速相同的原则放大

① 交换罐中溶液空塔流速即是单位时间单位树脂床截面积上所通过溶液的体积流量。以 Q〔m^3（溶液）/m^2（床面积）• h〕表示，或以 m/h 表示。

② 根据此法放大时，要维持大设备与小设备的树脂床高度相同，仅直径加大，以保证两者线速度相同，实际上也就是保证两者接触时间相同。

若以 v_1、v_2、A_1、A_2 分别表示小设备和大设备的线速度和树脂床截面积。

由　$v_1=\frac{q_{v_1}}{A_1}$，$v_2=\frac{q_{v_2}}{A_2}$且 $v_1=v_2$；

则

$$\frac{q_{v_2}}{q_{v_1}}=\frac{A_2}{A_1}=m_1=\left(\frac{D_2}{D_1}\right)^2 \tag{4-13}$$

若 $H_2=H_1$，则

$$V_2=\frac{\pi}{4}D_2^2\times H_2 \tag{4-13a}$$

所以可以看出，两种放大方法所得树脂体积相同；采用前法放大后，树脂床层高度增加了，则解吸液浓度比较高，故一般采用前一种方法较好，但由于溶液的线速度相应增加，则流体阻力增大了。

3）溶液通过床层的压力降

$$\Delta p=\frac{200\mu(1-\varepsilon)^2\times H_v}{\varepsilon^3 d_p^2} \tag{4-14}$$

式中，Δp——溶液通过树脂床层时的压力降，Pa；

μ——溶液粘度，Pa·s；

ε——床层空隙率；

d_p——树脂平均直径，m。

反吸附时，溶液的压力降为：

$$\Delta p=H_b(\rho_s-\rho)(1-\varepsilon_b)g$$

式中，H_b——树脂成沸腾状时的高度，m；

ε_b——树脂成沸腾状时的空隙率；

ρ_s——树脂密度，kg/m^3；

ρ——溶液密度，kg/m^3

4.3.1.5 离子交换设备的应用

在我国铀水冶厂和铀矿山废水处理厂中应用的离子交换设备主要有以下 5 种：水力悬浮床、密实固定床、空气搅拌床、塔式流化床和密实移动床。

1. 水力悬浮床离子交换设备

水力悬浮床，通常称为悬浮床。从广义上讲，它属于流化床；按结构形式来说，它属于槽式设备。设备示意图如 4-7 所示。

这种设备仅在早期建成的少数铀水冶厂中有应用，用于处理稀矿浆。这种设备采用周期性循环式操作，也叫“转圈式”操作（属于间歇式）。通常采用多台串联吸附，串联台数原则上由饱和体积与穿透体积之比值确定。在原建厂中实际上采用 4 台串联吸附，1～2 台淋洗（再生），还有 1 台备用。在吸附过程中，利用高于起始流化速度的上升矿浆流将树脂悬浮在设备的中上部，即树脂处于松散的悬浮状态与流过的矿浆接触。淋洗过程则是将负载树脂冲洗脱泥后，在树脂处于密实床的状态下进行。这种悬浮床设备，其吸附、淋洗等过程在同一设备中进行，树脂不需要在设备间转移。

2. 密实固定床离子交换设备

密实固定床，通常称为固定床，这种设备也称为离子交换柱。该设备在我国的铀水冶厂和铀矿山废水处理厂中均有应用，用于处理清液。按结构形式又可分为 2 类：常压平顶式和加压圆顶式。前者应用较少，后者应用较普遍，其示意图如图 4-8 所示。

固定床设备一般采用周期性循环式操作（属于间歇式）。通常采用多台串联吸附，串联台数的确定原则同悬浮床。在铀水冶厂中多采用 3～4 台，在铀矿山废水处理厂中多采用 2～3 台；另外，还要考虑 1～2 台作为淋洗（再生）和备用设备。固定床设备的吸附、淋洗等过程在同一设备内进行，树脂呈密实状态与流过的料液接触，树脂不需要在设备间转移（我国也有少数企业，其淋洗设备采用整柱树脂转移的密实床）。

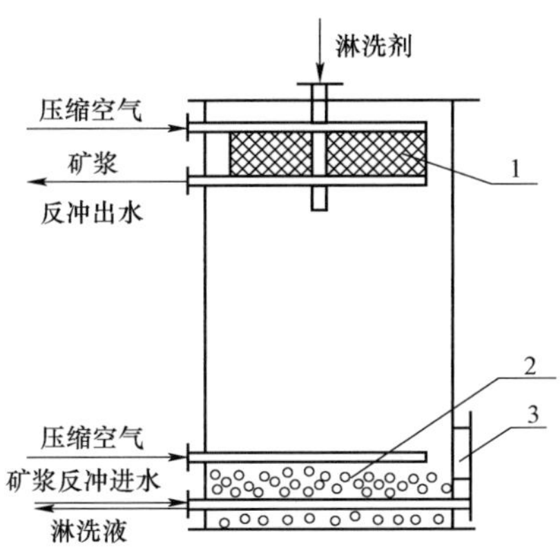

图 4-7　悬浮床离子交换设备示意图

1. 筛网；2. 石英层；3. 人孔

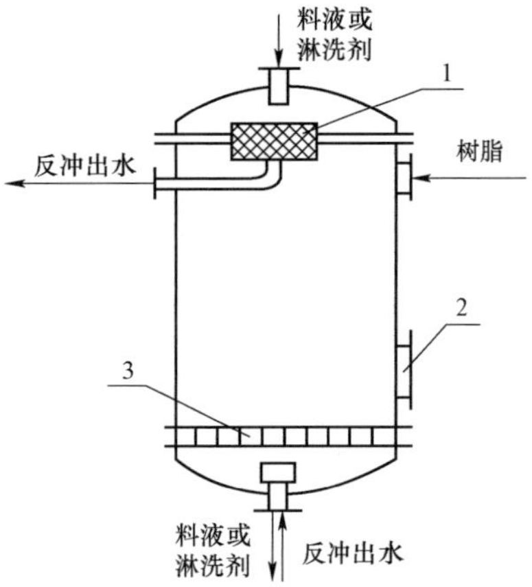

图 4-8　固定床离子交换设备示意图

1. 筛网；2. 人孔；3. 布液排液器

3. 空气搅拌床离子交换设备

空气搅拌床，通常称为帕丘卡，也属于槽式设备。这种设备在我国早、中期建成的铀水冶厂中应用较多。用于处理固体质量分数较高的矿浆。我国应用的空气搅拌床设备，按操作制度又分为 2 类：一类是采用周期循环式操作（仅在个别企业中应用）；另一类则是采用连续逆流式操作（应用的企业较多），示意图如图 4-9 所示。前者采用 3 台串联吸附，1～2 台淋洗（含转型），1 台备用；后者采用 6～7 台串联吸附，2～3 台淋洗以及冲洗脱泥、转型、解毒等设备。另外，前者树脂不需要在槽间转移；而后者则需要将树脂按矿浆流动的反方向从一个槽转移到另一个槽，实现树脂与矿浆的连续逆流流动（级间逆流、级内混合），负载树脂则转移到专用的设备中进行淋洗等过程，贫树脂再返回到吸附系统的末级。

4. 塔式流化床离子交换设备

塔式流化床，简称流化床，一般均是多级流化床。这种设备在我国的铀水冶厂和铀矿山废水处理厂中均有应用，用来处理含有一定量悬浮固体的浑浊液。已有 2 种不同塔板结构的流化床设备得到工业应用：穿流式筛板吸附塔（如图 4-10 所示）和阻流式筛板吸附塔。从操作制度上讲，穿流式筛板塔又分为连续式和半连续式 2 类（两者在结构上的差别主要在于塔板开孔率的不同）。前者（用于处理铀浓度较高的料液，如水冶厂浸出液）树脂与料液在整个塔内呈连续逆流接触，料液和树脂的进出也都是连续的；而后者（用于处理铀浓度低的料液，如矿山废水）则不同：在平常运转时，塔内各隔室的树脂在各自的隔室内呈流化状态与上升液流接触，各隔室间的树脂床层互不连续，每个隔室的塔板下面都有一水垫层将上下 2 个隔室的树脂隔开，料液和树脂的进出是半连续的（即各隔室转移树脂和塔底排放树脂时需停止进液）。以上 2 类流化床，其负载树脂的淋洗都是将树脂转移到专用的设备内进行，一般都采用间歇排放树脂的密实移动床洗塔。

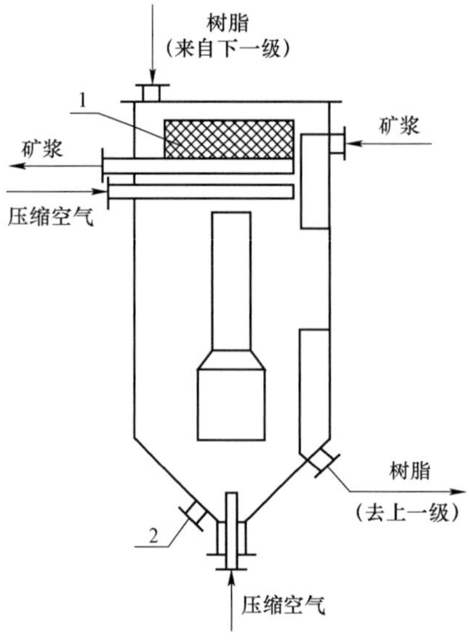

图 4-9 连续逆流式空气搅拌吸附槽示意图

1. 筛网；2. 事故口

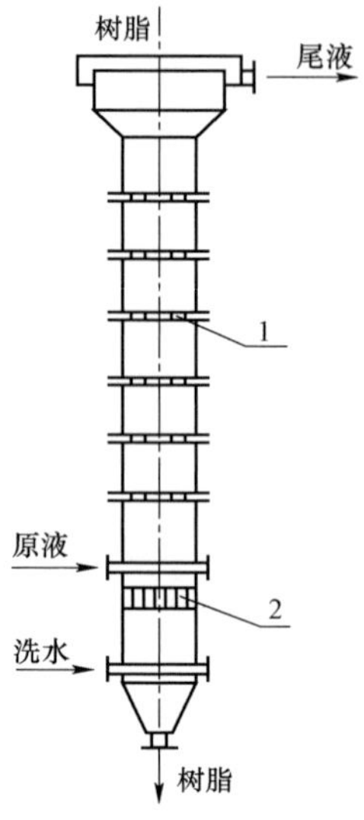

图 4-10 穿流式筛板吸附塔示意图

1. 筛板；2. 缩径

5. 密实移动床离子交换设备

我国的密实移动床设备大致分为 2 类：一类用于吸附过程，为压力型设备，如图 4-11 所示；另一类用于淋洗、转型等过程，为非压力型设备，如图 4-12 所示。密实移动床设备用于处理清液。

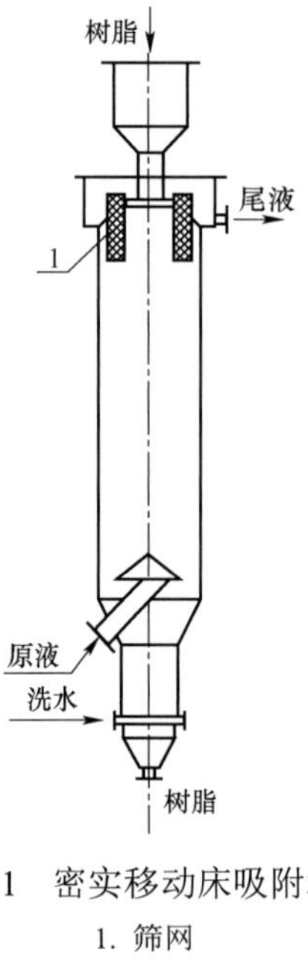

图 4-11 密实移动床吸附塔示意图

1. 筛网

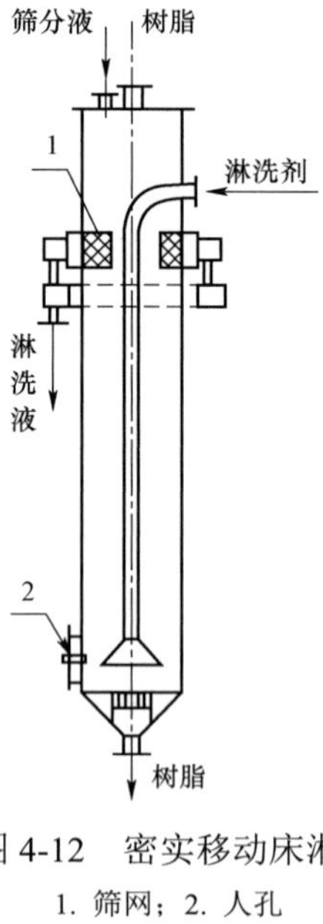

图 4-12 密实移动床淋洗

1. 筛网；2. 人孔

密实移动床吸附塔采用半连续式操作。料液自下而上连续流过密实的树脂床层，当塔内吸附段最低一段树脂达到规定的操作容量（相应地自塔顶流出的吸附尾液中铀质量浓度不超过允许值）时，切断进塔料液，将负载树脂从塔底排出，塔内树脂随之呈活塞状下移，同时从塔顶自动补入相应数量的贫树脂，然后恢复从塔底进料液，开始下一个运转周期。自吸附塔排出的负载树脂转移到专用的密实移动床淋洗塔中进行淋洗、转型等过程，其操作制度与吸附塔相似，也是间断加入和排出树脂但淋洗剂则是连续不停地被加入和排出。这里补充说明一点：与密实移动床吸附塔配套的淋洗设备，也曾采用过多塔串联、整塔树脂转移的密实床设备。

6. 5 种设备的优缺点

见表 4-2。

表 4-2　5 种设备的优缺点

设备名称	优点	缺点
悬浮床设备	1. 能处理固体质量分数约 10 的矿浆，从而省去部分固液分离设施，节约投资和经营费用； 2. 设备结构较简单，制造和维修较容易； 3. 对矿浆液相 p（U）的变化适应性较强。	1. 设备上部排浆筛网易堵，限制了设备的生产能力，占地面积大； 2. 槽底石英层易乱层，造成树脂泄漏流失； 3. 树脂利用率低，一次投入量多； 4. 辅助设备较多，操作较繁杂，不易实现自动控制； 5. 对矿浆中粗砂质量分数的要求较严格。
固定床设备	1. 树脂磨损轻，损耗少； 2. 对料液流量和 p（U）的变化适应性强，运行可靠； 3. 传质效率高，树脂操作容量高； 4. 可实现集中操作。	1. 限于处理清液，一般要求每升清液中固体质量小于 50 mg（最高不超过 100 mg），如欲提高生产能力，则要求其小于 10 mg，甚至更低； 2. 通常设备的单位生产能力低，占地面积大； 3. 树脂利用率低，一次投入量多； 4. 间歇式操作，不易实现自动控制。
空气搅拌床设备	1. 能处理较稠的矿浆（固体质量分数可达 30 甚至更高），从而省去大部分固液分离设施； 2. 对矿浆液固质量比、粗砂粒度及其质量分数的要求不甚严格； 3. 连续操作时，树脂利用率较高，一次投入量较少。	1. 树脂磨损厉害，损耗量大； 2. 动力消耗高； 3. 单位生产能力较低，占地面积较大； 4. 槽底装有石英层的设备，其树脂泄漏流失问题难以彻底解决。
流化床设备	1. 能处理稀矿浆（固体质量分数小于 10）或浑浊液（固体质量分数小于 0.5），从而省去部分固液分离设施； 2. 单位生产能力较高，占地面积较小； 3. 树脂利用率高，一次投入量少； 4. 连续或半连续操作，易于实现自动控制； 5. 穿流式筛板塔结构简单，操作方便。	1. 由于存在树脂淘析分级现象，因此对树脂粒度的均匀性要求比较严格，特别是在空塔线速度比较高的条件下运行的吸附塔； 2. 为了提高空塔线速度，需要采用密度较高、传质速率较快的树脂（特别是处理矿浆时）； 3. 大直径穿流式筛板的设计放大问题尚需进一步研究解决。
密实移动床设备	1. 单位生产能力高，占地面积小； 2. 传质效率高，树脂操作容量高； 3. 半连续操作，易于实现自动控制； 4. 树脂利用率高，一次投入量少。	1. 限于处理清液，对料液中固体质量分数的要求与固定床相近； 2. 密实移动床吸附塔只适宜处理较低铀质量浓度的料液，当处理较高铀质量浓度料液时，需频繁排放树脂，致使操作麻烦并影响生产能力； 3. 树脂床层阻力大，进料需要一定压力。为了减小阻力，最好采用大粒度树脂（且要保证一定的传质速率）。

7. 设备选型

在工程设计中，离子交换设备的选型工作一般可分 2 步：第一步，通过定性比较进行初选；第二步，通过技术经济比较（定量比较）最后定案。

（1）定性比较

根据已定原则流程、生产规模、吸附原液特性以及所建工程地区条件，结合各种离子交换设备的特点，通过定性比较，从能满足所建工程要求的各种设备中推荐出 2 种或 3 种设备，作为备选方案（对于未经过生产考查的设备，必要时可提出进行设备工业试验或半工业试验的要求）。

（2）技术经济比较

通过对定性比较推荐的 2 种或 3 种设备方案进行技术经济比较，确定最优方案。技术经济比较分为基建投资比较和经营费用比较 2 部分。

基建投资应包含：

1）工艺设备购置及安装费用；

2）检测控制仪表购置及安装费用；

3）电气设备购置及安装费用；

4）建筑工程费用；

5）树脂一次投入量及其费用。

经营费用应包含：

1）树脂、试剂消耗量及其费用；

2）水、电、压缩空气用量及其费用；

3）生产工人工资及附加费用；

4）固定资产折旧费。

当不同选型方案引起前、后工序的基建投资和经营费用也不同时，则技术经济比较的范围应包含前、后工序。

8. 待应用设备

1）翻板式流化床吸附塔。这是天津大学研制的一种连续逆流离子交换设备，其特点是：

塔的筛板加工成容易操作的翻板式，以便塔内树脂周期性地逐级下移，直至负载树脂由塔底周期性地排出；树脂无级间返混；启动、停车方便。该设备经过进一步的工业试验考察后，有望在生产上得到应用。

2）脉冲淋洗塔。这是核工业北京化工冶金研究院研制的一种连续逆流淋洗设备。其主要特点是：借助脉冲使负载树脂周期性地以密实状态从塔底向上移动，并与自上而下流动的淋洗剂接触，从而完成淋洗过程；负载树脂在中心管内自上而下地移动，并与通过虹吸作用自下而上流动的部分合格淋洗液接触，从而实现负载树脂的再吸附过程；由于塔内总是密度大的物料在下部、密度小的在上部，从而避免了在相反情况下会出现的纵向返混。该设备已通过工业试验，可在具备相应条件的企业中推广应用。

3）反向流化床吸附塔。这是核工业北京化工冶金研究院正在研制的一种设备。其主要特点是：采用低密度树脂；适宜处理浓矿浆（固体质量分数可达 35，甚至更高）；矿浆自下而上运动，树脂呈流化状态自上而下运动（运动方向与常规流化床设备相反，故称反向流化床）。该设备若能研制成功，有望取代空气搅拌床设备。

4.3.2　化学沉淀法

化学沉淀法又可称为混凝沉淀法，是处理低含量放射性废水的一种常用方法。该方法主要是通过加入混凝剂与废水中含有的放射性元素发生共沉淀，或是凝聚为细小可沉淀的颗粒。这主要是由于废水中放射性核素的磷酸盐、碳酸盐、氢氧化物等化合物溶解度较低，因此絮凝剂的投加可吸附废水中的放射性核素，产生絮凝，从而达到去除的效果，是被处理废水达到允许排放标准。该方法常用石灰、三氯化铝、三氯化铁等物质作为沉淀剂，处理废水适宜的 pH 范围一般为 9～13，放射性元素活度脱除系数在 10 以上。

4.3.3　蒸发浓缩法

蒸发浓缩法是利用废水中含有的放射性核素普遍不具有挥发性的性质，对待处理废水加以浓缩以达到净化的目的。该方法是将待处理废水排入蒸发装置中，导入加热蒸汽使水蒸发除去，将放射性核素则留在液体中。但在蒸发浓缩过程中杂质会不断的被浓缩，返回镀槽会造成杂质积累，并夹带放射性，因此蒸发浓缩所造成的废液杂质都需进行预处理。蒸发形成的小部分浓缩液需进行进一步的固化处理，这主要是因为这一部分浓缩液具有很高的放射性；此外，还需设置雾沫分离器装置以处理蒸发浓缩过程中产生的夹带放射性核素的雾沫。起沫、腐蚀、结垢、爆炸等潜在的危险和辐射防护问题也是要列入考虑范围之内的。

经实验证实采用低温蒸发法处理核工业高盐度废水的方法是可行的。结果表明：在常压下进行蒸发，浓缩倍数达到 12.5 倍时，蒸发残液可结晶，其结晶物进行固化处理。

4.3.4　萃取法

萃取法是通过使用一种或一种以上溶剂，利用废水中放射性核素在所添加的有机溶剂中具有较高的溶解度，提取废水中放射性元素，从而放射性元素从待处理废水中得到分离，达到处理效果。但分离后含有污染物的废水仍具有较高的放射性，因此萃取法在处理含铀废水中不被常用。

采用萃取法对低浓度含铀钍的废水进行处理研究，处理工艺为“脱除氢氟酸–石灰中和调 pH 值-三级萃取”，处理后废水铀含量由 8.5 mg/L 降低至 0.05 mg/L，达到国家规定露天水源中铀的限制浓度，但是处理费用较为昂贵。

4.3.5　吸附法

吸附法是指采用多孔性固体吸附剂处理放射性废液的方法。多孔性吸附剂的加入可将待处理废水中所含的一种或多种放射性元素吸附在其表面，从而达到去除放射性元素的目的。吸附剂对放射性核素有很高的选择性，不但可吸附分子，还可吸附离子。采用的吸附剂主要有活性炭、膨润土、沸石等黏土矿物、重晶石、软锰矿、过磷酸钙、生物吸附剂。此法吸附容量一般有限，故适合低浓度放射性废水的处理。

采用活性炭作为吸附剂去除水中铀的研究，结果表明：活性炭的形状（粒状或粉末）、吸附时间、水样中铀含量等因素对铀的去除无明显影响。

4.3.6 膜分离技术

膜分离法是近年来一项新兴的化工分离技术，具有广泛的应用前景。该方法采用一种特制的选择性透过膜，在外力推动作用下对双组分或者多组分溶质或者溶剂进行分离，提纯和浓缩。当前世界范围内研究较多的膜分离技术是将电渗析、反渗透、膜萃取与液膜分离技术应用于水体中的放射性核素进行分离。膜分离技术中的膜，准确而言是半透膜，是一种薄层物质，是分离两相和选择性传递物质的屏障，当一定的推动力作用于摸的两侧时，它能按照物质的物理化学性质对其分离，通常，膜按照物质物质的分离范围和应用的推动力来分类。

膜可以是固态的，也可以是液态的，膜的结构可以是均匀的，也可以是非均匀的，膜可以是中性的，也可以是带电的，膜的传递过程可以是主动传递过程，也可以是被动传递过程。

膜传递模型可以分为两大类：一类是以非平衡热力学或不可逆热力学为基础的模型，另一类是以膜及分离物质的物理化学性质及传递特性。在前一类模型中，膜被划分成很多薄膜考虑，当所划分的体积为足够小时，每个体系都可以作为平衡体系来处理。这类模型不涉及膜的物理化学性质及传递特性。在后一类模型中，通量与作用力之间的关系符合某种传递机理，因此，在这类模型中往往包含了膜和溶液和物理化学性质与传递特性。

膜的分类和分离原理

常见液体分离膜技术有反渗透、超滤、微滤、透析、电渗透以及渗透汽化。对于压力驱动膜，根据孔径的大小以及分离物质的差别，可以为微滤、超滤、纳滤和反渗透。

电渗透

电渗透是直流电为推动力，利用阴阳离子交换膜对水溶液的阴阳离子的选择透过性，是一个水体中的离子通过膜转移到另一水体中的物质分离过程。

微滤

微滤是利用微孔径的大小，在压差的推动力下，将滤液中大于膜孔径的微粒、细菌等悬浮物质截流下来，达到滤液中微粒的去除与滤液澄清的目的。

超滤

超滤是 1861 年由 Schmidt 首次在过滤领域提出的概念，20 世纪 70 年代和 80 年代是超滤的高速发展阶段，其应用面越来越广，使用量也越来越大。

超滤是一个压力驱动过程，介于微滤与纳滤之间，且三者之间无明显的分界线。一般来说，超滤可以分为直径大于 2 nm 的溶质分子和截留在相对分子质量在 1 000～300 000 的分子和胶体。对于混合体系，超滤可以分离，相对分子质量在 10 倍以上的分子混合物。而相应的孔径在 5～100 nm 之间，这时的渗透压很小，可以忽略，因而超滤膜的操作压力较小，一般为 0.1～0.5 MPa，主要用于截留去除水中的悬浮物、胶体、微粒、细菌和病毒等大分子物质。因而，超滤过程中除了物理筛分作用以外，还应考虑这些物质与膜之间的相互作用所产生的物化影响。

反渗透

反渗透，作为主要的水及其他液体分离膜之一，在分离膜领域内占有重要的位置。

反渗透法使用一张只能透过水而不透过溶质的理想半透膜把水和盐水隔离开，则出现水分子由纯水一侧通过半透膜向盐水一侧扩散的现象。这是透析现象，随着透析现象的进行，盐水液面不断升高纯水一侧水面相应下降，经过一段时间后，两侧液面不再变化，系统中纯水的扩散渗透达到动态平衡，这一状态称为渗透平衡。

纳滤

纳滤是介于反渗透膜和超滤膜之间的一种压力驱动膜，是今年来国际上发展较快的膜品种之一。该类膜对多价离子和相对分子质量在 300 以上的有机物的截留率较高。由于反渗透截留了几乎所有的离子，对离子的截留无选择性，使得操作压力较高，膜的通量受到限制，由此造成的设备投资成本和操作、维护费用较高。反渗透膜对于要求通量大而对某些物质的截留性能并未严格要求的应用场合是不太合适的，而仅截留较大相对分子量的有机物的超滤膜又达不到要求。纳滤膜的出现弥补了反渗透和超滤之间的空白。

膜分离技术在放射性废水中的应用

利用膜处理法中，最早研究用电渗透析法处理低水平放射性废水，后来将电渗透和离子交换结合起来发展了填充床电渗透技术。20 世纪 70 年代，相继开发了 RO 和 UF 技术，并先后在工业中得到应用。

表 4-3　含铀废水传统处理方法及其优缺点

处理方法	优点	缺点	备注
化学沉淀法	处理工艺相对简单，成本较低，除铀效果较好	操作条件较为苛刻，出水铀浓度往往不达标，易造成二次污染，须作进一步处理	常用于冶金工厂、矿山排放的废水，已有成功应用
蒸发浓缩法	方法简单、有效、可靠，铀去除率高。蒸发残液体积较小	处理成本较高，蒸发设备易出现腐蚀、结垢等现象；浓缩泥需固化屏蔽处理	仅适用于水量较少，废水放射性比活度低的情况
离子交换法	脱除系数高，综合去除效果好，经处理可可达标排放标准	处理成本高，在处理放射性废水时，离子交换机的再生和处置较为困难；只能处理核素成离子态的、非碱性的废水	广泛应用于核工业生产工艺及废水处理工艺
萃取法	效果好，处理后水中含铀浓度低（<0.05 mg/L）	处理费用较高，萃取后废渣放射性高	尚处于中试研究，还需进行放大实验及综合应用研究
吸附法	工艺较简单，铀去除率高	价格昂贵，不适合大规模的废水处理	与化学沉淀结合作用，去除率可达 99%以上
膜分离技术	能耗低、设备简单、物料适应性强，处理废水效果好；过程可自动化操作；可再利用渗透液	成本较高，某些情况下易结垢	主要应用于包含铀废水在内的放射性废水处理

4.3.7　含铀含氟废水处理方法

传统上，含氟废水的处理方法有：电化学法、离子吸附交换法和化学混凝沉淀法等。

4.3.7.1 电凝聚法

电凝聚法是一种处理低氟含量废水的方法，将浓度为 20 mg/L 的含氟废水降为含氟 1～2 mg/L 以下。其基本原理是将铝镁合金电极置于废水中，通直流电，使电极电离出铝镁离子生成活性絮状沉淀，来吸附除去氟离子。但由于合金电极易钝化而失去作用，有人采用新的电凝聚装置。该法处理后无污染，且设备简单，可连续生产，但只能处理低氟废水。

4.3.7.2 电渗析法

电渗析法是在外加电场的作用下，用选择透过性膜，使氟离子及水中其他矿物离子都被迁移而除去。国内有人实验用苯乙烯磺酸型阳离子交换膜和乙季铵型阴离子交换膜，可将含氟 49.7～18.4 mg/L 左右的水降至 7 mg/L 以下。此法操作简单，在除去氟离子时，同时能除去矿物盐；但设备投资大，膜的种类和寿命尚待研究。

4.3.7.3 离子吸附交换法

是利用离子交换剂将水溶液中的氟离子交换吸附除去，代表方法是活性氧化铝法。活性氧化铝对 F^- 有强的选择性和亲和性，而且其表面积大吸附性好，用于含氟废水的深度处理。活性氧化铝一般呈凝胶状，用 $Al_2O_3 \cdot mH_2O$ 表示。

活性氧化铝法处理含氟废水选择性和效果好，但成本高，交换剂再生频繁，适用于小型水处理工程。其他方法有：邬文斌等提到用天然沸石处理含氟废水，吸附容量可达 71 mg/kg；也有用粉末活性炭和骨炭除氟；另外用风化煤、粉煤灰等处理含氟废水的研究也有一定进展，用粉煤灰处理含氟废水，可使含氟 20～100 mg/L 的原水除氟率达 50%以上，而应用粉煤灰—生石灰体系除氟可使含氟量降至工业废水排放标准以下。吸附功能纤维是一类具有吸附性能的纤维状吸附剂，活性碳纤维是有机纤维经过高温炭化制得的。离子交换纤维是将具有或能转换为离子交换基团的单体或聚合物与能成纤的单体或聚合物共混或共聚，然后纺成纤维，或是通过天然或合成纤维的改性，制得高效的氟离子吸附剂。国外 20 世纪 50 年代就有报道用稀土金属类代替活性氧化铝吸附氟离子，由于稀土金属类化合物吸附量大，现在已经成为研究重点。但总的来说，离子吸附交换法设备投资大，交换剂再生困难，要在工业上应用，还需要进行深度研究。

4.3.7.4 液膜法

液膜法是由一种表面活性剂构成膜溶液，隔开两个不混溶相（料液相和反萃相），使得料液相中特定的离子通过液膜被萃取到反萃相中。该法对离子有高选择性，速度快，处理量大，而且能处理稀溶液。采用 N_{205}—N_{1923}—煤油为液膜体系，$CaCl_2$ 溶液为内相试剂处理含氟废水，氟含量由 0.5 g/L 降至 0.01 g/L，经多次处理，可达国家排放标准。但是，虽然液膜法投资省、效率高，但是还需进一步研制新型表面活性剂并进行机理研究，以突破工业化难点。

4.3.7.5 化学混凝沉淀法

传统上，其分为化学沉淀法和混凝沉淀法：化学沉淀法是向含氟废水中加入某种阳离子与氟离子产生难溶物而与水分离除去，一般用于处理高氟水（10 g/L 以下）。混凝沉淀法是向废水中加入混凝剂，混凝剂中的金属离子水解生成细微的胶核与絮绒体，吸附氟离子产生共沉淀除氟，该法主要进行含氟废水深度处理。如今，两种方法已基本上结合起来使用：一般先加阳离子化学沉淀，然后再加混凝剂吸附沉降，以达到处理要求。

4.3.7.6　絮凝法

随着新型絮凝剂的开发应用，絮凝法是在化学混凝沉淀法处理的基础上，再加入高分子絮凝剂，加快絮状物的生成及沉降，取得更好的效果。石灰—硫酸铝—聚丙烯酰胺法，石灰作预处理，再用硫酸铝作混凝剂，加聚丙烯酰胺絮凝沉降，采用沉渣回流技术除氟，其中石灰遇氟产生氟化钙沉淀；硫酸铝溶入水中，生成水合铝离子吸附氟离子共沉淀；高分子聚合物起架桥作用，加速沉淀，强化了除氟效果。天然高分子絮凝剂（NCF）与铝盐复配法处理含氟废水。

4.4　废水处理系统构成

4.4.1　试剂制备

试剂制备主要是为废水处理和容器清洗系统提供生产所需的各种试剂，如淋洗剂（1 moL/L 硝酸钠 + 5 g/L 碳酸钠）、5%的碳酸钠以及 2%的草酸溶液等。

根据所配体积，秤取所需质量的试剂（碳酸钠、硝酸钠和草酸），在相应的试剂配置槽内进行配制。配制完后取样分析试剂的浓度，浓度高时可用水稀释至规定浓度，偏低时补充试剂至规定浓度。根据生产安排，按要求将所需体积的试剂输送到使用岗位。

4.4.2　真空系统

真空系统是为废水处理以及容器清洗提供所需的真空，主要由液下泵、真空泵、汽水分离器及真空管道等组成的具有所需抽气功能的装置，其中真空泵是获得真空的主要设备。该系统上用的是水环式真空泵。

4.4.2.1　工作原理

水环真空泵的外壳呈圆形，其中有一叶轮偏心安装，如图 4-13 所示。水环泵工作时，泵内注入一定量的水，当叶轮旋转时，由于离心力的作用，将水甩至壳壁形成水环。此水环具有密封作用，使叶片间的空隙形成许多大小不同的密封室。由于叶轮的旋转运动，密封室由小变大形成真空，将气体从吸入口吸入；继而密封室由大变小，气体由压出口排出。

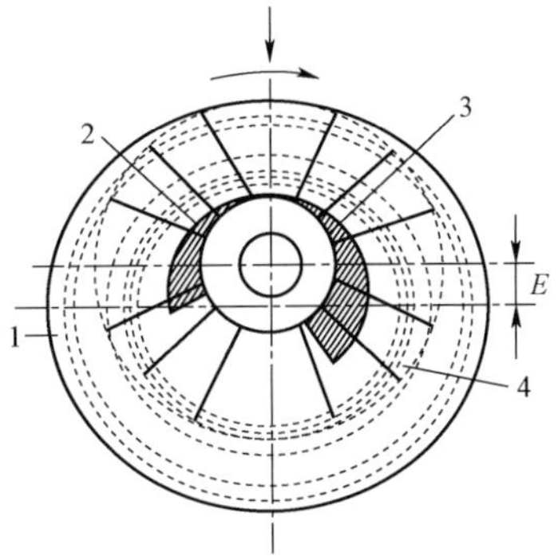

图 4-13　水环真空泵

1—水环；2—排气口；3—吸入口；4—转子

水环真空泵在吸气时可允许夹带少量液体，属于湿式真空泵，结构简单紧凑，最高真空度可达 85%，水环泵运转时，要不断的充水以维持泵内液封，同时也起冷却的作用。

4.2.2.2　工艺流程及参数

真空工艺流程如下：首先启动液下泵，通过高位水箱向真空泵注水，打开真空泵的进水阀，调整水流量稳定。手动盘车，点试启动无异常后，启动真空泵调节泵压力达稳定值，声音无异常时，缓慢开启碟阀，调节输出压力至 –0.06～–0.04 MPa，向工艺系统提供真空。工艺流程图如图 4-14。

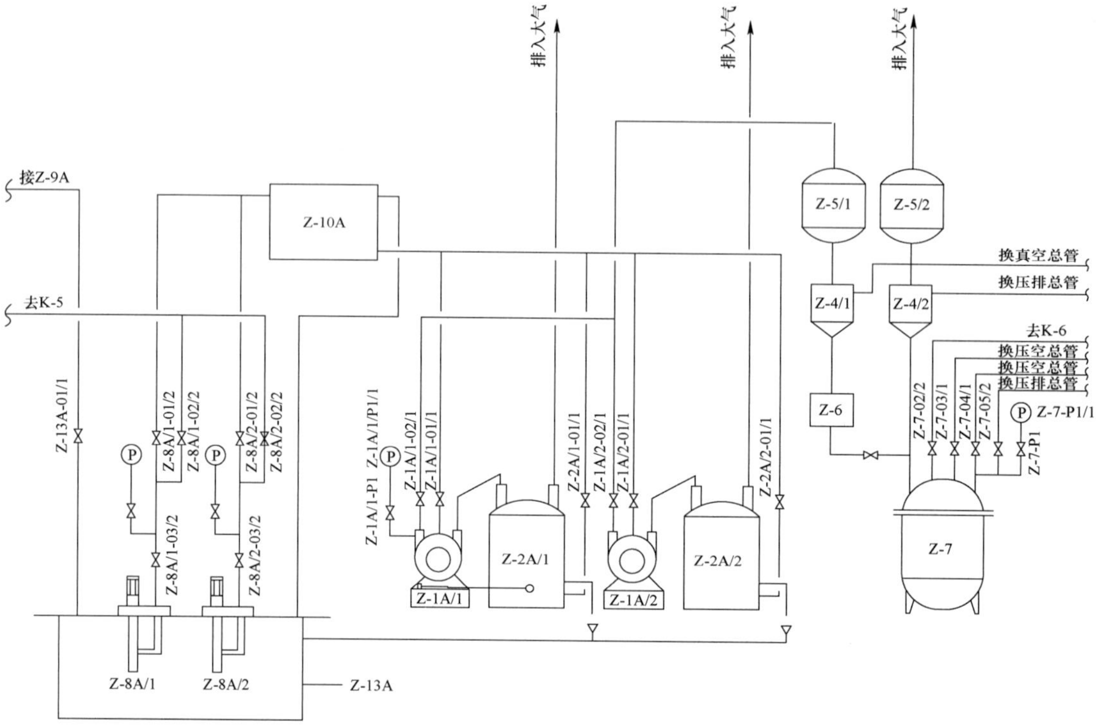

图 4-14 真空系统工艺流程图

4.4.3 压空系统

压空岗位使用的空压机型号为 GA1208 型螺杆式空压机，该机组为固定式单级螺杆式压缩机组，常用电机驱动装置。压缩机/电动机组安装在一个公共底座上。每一个压缩机部件包含一对安放在球轴承和滚子轴承的螺杆转子。电机通过减速器驱动主转子，主转子再驱动辅助转子。设备的运行由一个空气压力开关、两个电磁阀、一个排气阀和一个卸载阀进行控制。

1. 工作原理

螺杆式空气压缩机是喷油单级螺杆压缩机，采用高效带轮（或轴器）传动，带动主机转动进行空气压缩，通过喷油对主机压缩腔进行冷却和润滑，压缩腔排出的空气和油混合气体经过粗、精两道分离，将压缩空气中的油分离出来，最后得到洁净的压缩空气。

2. 工艺流程及参数

通过控制盘柜启动干燥器、压缩机生产压空。在空压机运行时，控制排气压力在 0.6～0.7 MPa 范围内，排气温度≤112 ℃。联系其他生产岗位，输送压空。待生产结束后，关闭干燥器和空压机，停止压空生产。压缩机流程图如图 4-15。

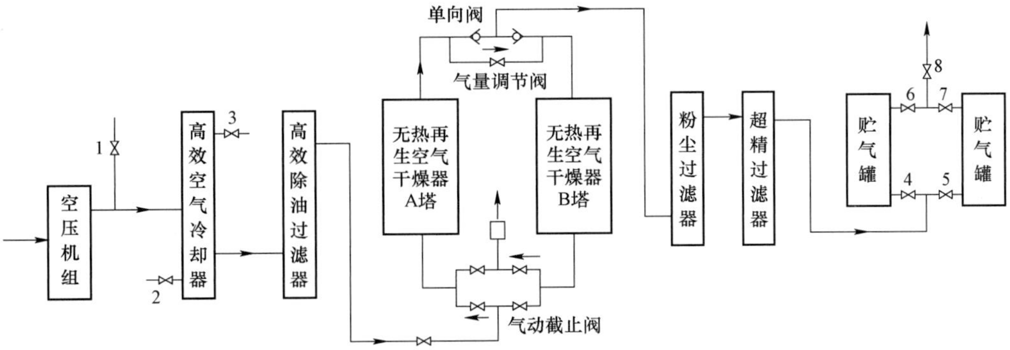

图 4-15　GA1208 型螺杆式压缩机流程图

1—放空阀；2—冷却器进水阀；3—冷却器出水阀；4、5—贮气罐进气阀；
6、7—贮气罐出气阀；8—贮气罐总出气阀

4.4.4 除盐水系统

废水处理系统采用反渗透膜式除盐水装置来生产除盐水，主要是供给蒸汽发生器及水环式真空泵使用。

1. 工作原理

反渗透的除盐原理即在有盐分的水中（如源水），加以比自然渗透压力更大的压力，使渗透向相反方向进行，把源水中的水分子压到膜的另一边，变成洁净的水，从而达到去除水中盐分的目的。

2. 工艺流程及参数

除盐水装置的工艺流程如下：

源水→源水泵→多介质过滤器→全自动软水器→精密过滤器→保安过滤器→一级高压泵→一级反渗透装置→中间水箱→二级高压泵→二级反渗透装置→纯化水箱

源水通过源水泵经过多介质过滤器、全自动软化器、精密过滤器、保安过滤器处理后，通过一级高压泵进入一级反渗透膜处理，处理后的一级纯水通过二级高压泵进入二级反渗透膜处理后进入纯化水箱以供使用。通过除盐水装置处理后，除盐水的电导率<5 μS/cm，达到电热蒸汽锅炉及水环式真空泵的使用要求。

除盐水装置的系统流程图如图 4-16。

4.4.5 通排风系统

通排风系统主要是保证再生工艺系统厂房内换气次数和微量负压状态，包括局部排风系统和全排系统。

4.4.6 钠盐沉淀系统

废水产生的解析液及容器清洗岗位产生的部分容器水解液（[U] ≥2 g/L，pH≥7）送入粗盐沉淀反应器后，加入 NaOH 溶液进行沉淀处理，将生成的沉淀物即重铀酸钠经过滤、烘干、装罐后入库，滤液即沉淀母液进沉淀母液扬液器后转至废水岗位处理。

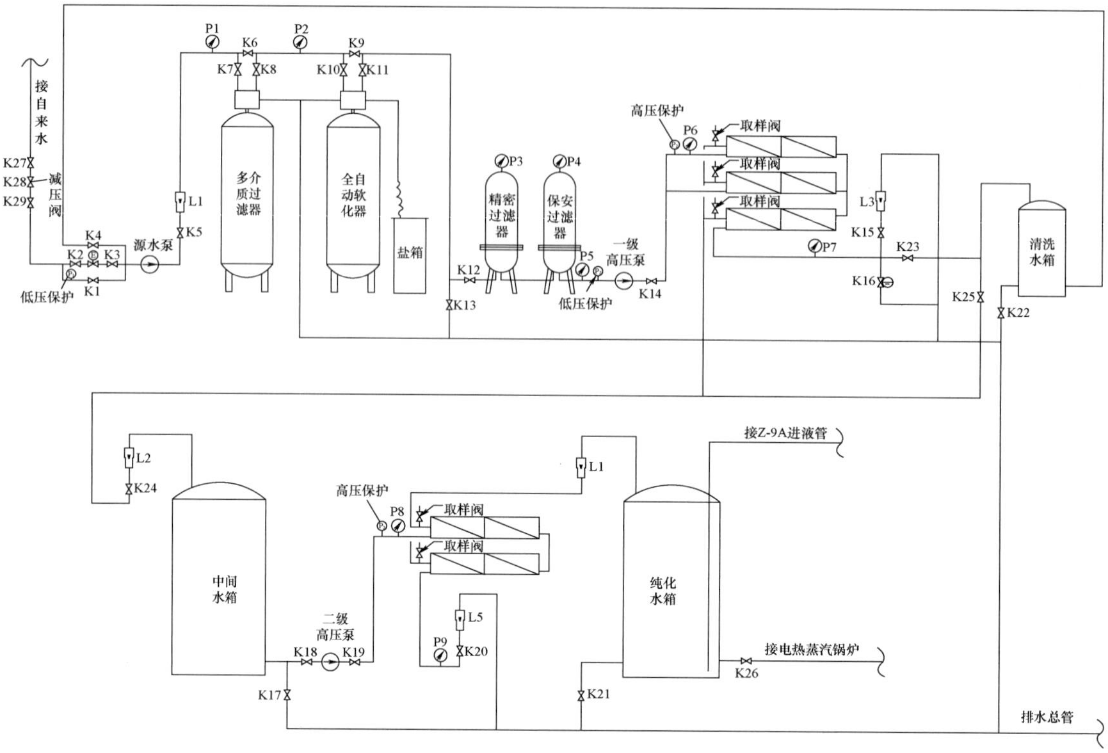

图 4-16　除盐水装置系统流程图

4.4.7　废水处理系统

废水处理工序中主要涉及的化学反应如下：

树脂吸附工序：$4(R_4N)X^- + [UO_2(CO_3)_3]_4^- \leftrightarrows (R_4N)_4[UO_2(CO_3)_3] + 4X^-$

石灰沉淀处理工序：$CaO + H_2O \rightarrow Ca(OH)_2$　$Ca(OH)_2 + 2F^- \rightarrow CaF_2\downarrow + 2OH^-$

4.4.7.1　废水接收

2 mg/L＜[U]＜2 g/L 的废水接收时，首先核对交接单铀含量、体积、pH。有沉淀、含油、酸性废水不得接收。将液体接收转移至废液库中的废液贮槽，控制贮槽内废水总体积小于 10 m^3，总铀量小于 10 kg。

4.4.7.2　废水过滤、调配

废水过滤、调配主要包括废水过滤和调配原液两个步骤。根据废水处理工艺要求，为了避免废水中的杂质对树脂吸附能力造成一定的影响，首先采用真空过滤装置对废水进行过滤，去除其中的杂质。进入离子交换树脂塔的废水必须满足表 4-4 要求。

表 4-4　原液调配控制参数表

控制项目	单位	工艺参数要求
铀浓度	mg/L	2～400
CO_3^{2-}浓度	g/L	≤5.5

续表

控制项目	单位	工艺参数要求
HCO_3^-浓度	g/L	≤4.5
[HCO_3^-] / [CO_3^{2-}]		<1
pH		10～11
F^-浓度	g/L	≤8
NO_3^-浓度	g/L	<3
$C_2O_4^{2-}$浓度	g/L	<5

调配主要利用稀释原理，即向原液贮槽中添加吸附尾液或自来水，调节其中杂质离子浓度，使其达到规定要求。原液调配是一个复杂过程，往往需要多次调配才能合格。目前调配分粗调及精调两种，粗调是指原液未经高位槽过滤前的调配，在 K-1/2、K-2 中进行，调配过程中对各离子浓度并未有严格限制，但要使各离子浓度尽量接近工艺参数规定值；精调是指原液经高位槽过滤后调配，精调后的原液可直接进树脂吸附塔进行吸附处理。

调配剂主要是吸附尾液、水、NaOH 或 Na_2CO_3。调配原则是：铀，NO_3^-，F^-，$C_2O_4^{2-}$，CO_3^{2-}浓度高于控制值时，需向原液扬液器中加水；HCO_3^-浓度高时加 NaOH，pH 不合适时加 $NaCO_3$ 或 NaOH，其中水从生活水扬液器中转入，配制的 Na_2CO_3 或 NaOH 试剂从扬液器上的试剂加入口加入。

4.4.7.3　离子交换

1. 离子吸附

利用离子交换树脂对铀的吸附能力，将废水中的铀进行富集，达到去除铀的目的。反应式如下：

$$4(R_4N)^+X^- + [UO_2(CO_3)_3]^{4-} \rightleftharpoons (R_4N)_4[UO_2(CO_3)_3] + 4X^-$$

树脂塔吸附采用双塔或者三塔串联的方式。根据工业要求，在进行吸附生产时，控制吸附流量在 400～600 L/h。产生的吸附尾液可以直接进行石灰沉淀，也可进废液库暂存处理。

吸附过程中每间隔 2 h 取样分析吸附塔出口铀含量，分别对吸附塔的吸附总铀量衡算，控制塔出口铀小于 1 mg/L，单塔吸附总铀量≤10 kg。

当吸附塔内阻力增大时，停止吸附，进行单塔逆流水洗。由生活水扬液器向吸附塔供水，打开水流量计，控制逆流水流量 200 L/h，观察窥视窗，流出水清亮为止。然后关闭相应阀门，使塔处于备用状态。

2. 树脂淋洗再生

当树脂塔出口铀浓度大于 1 mg/L 或塔内铀累积量大于 10 kg 时，停止吸附，进行塔再生。

树脂塔淋洗时，采用主要成分为硝酸钠的淋洗剂，将树脂上吸附的铀置换下了，达到树脂淋洗再生的目的，反应式如下：

$$(R_4N)_4[UO_2(CO_3)_3]+4NO_3^- \rightleftharpoons [UO_2(CO_3)_3]^{4-}+4(R_4N^+NO_3^-)$$

由淋洗剂扬液器提供淋洗剂，打开淋洗剂流量计，调整流量至 70 L/h。前三个床体的淋洗液进高铀淋洗液扬液器，后三个床体的淋洗液进低铀淋洗液扬液器。淋洗过程中，每间隔 2 h 取样，分析淋洗液中铀含量，控制前三个床体总体积小于 1 m^3，取混合样，分析铀，控制高铀淋洗液扬液器中淋洗液总铀量不超过 10 kg。前三个床体解析完后，关闭高铀淋洗液扬液器相应阀门，打开低铀淋洗液扬液器相应阀门，继续解析，每间隔 2 h 取样，分析铀浓度，当［U］≤100 mg/L 时，停止淋洗。取混合样分析铀，控制低铀淋洗液扬液器中淋洗液总铀量不超过 10 kg。

高铀淋洗液扬液器中淋洗液送再生液接收扬液器，低铀淋洗液扬液器中淋洗液作下一次淋洗的淋洗剂。淋洗完后对树脂进行水洗。由生活水扬液器向吸附塔供水，打开水流量计，调节流量为 70 L/h，进行水洗。水洗过程中，每间隔 2 h 取样，控制［U］≤2 mg，［NO_3^-］<3 g/L，pH = 7 时，停止水洗，关闭相应阀门，树脂塔备用。

4.4.7.4 石灰沉淀处理

石灰沉淀工艺主要处理铀含量小于等于 2 mg/L 的废水。通过向废水中投加石灰粉，使钙离子与氟离子反应生成 CaF_2 沉淀，从而实现去除废水中的氟离子的目的。反应式如下：

$$2F^- + Ca(OH)_2 = CaF_2\downarrow + 2OH^-$$

同时由于溶液 PH 值增加，在氟离子与 Ca（OH）$_2$ 反应生成氟化钙沉淀的同时，铀酰离子与 Ca（OH）$_2$ 也会反应生成沉淀，反应式如下：

$$2UO_2^{2+} + H_2O + Ca(OH)_2 = CaU_2O_7\downarrow + 4H^+$$

在石灰沉淀处理过程中，反应（2）是很微量的。大部分溶解铀通过在 Ca（OH）$_2$ 颗粒上吸附以共沉淀方式去除。

在生产中，控制石灰沉淀反应器中接收废水体积不得超过 1.5 m^3。加入石灰等试剂，搅拌进行沉淀反应，反应完后将沉淀液放至假底过滤器进行真空抽滤。滤液转至排放扬液器内，取样分析铀、氟含量。合格后排放至沉降池，不合格重新返回处理。并将石灰渣转入渣槽中，送废物库暂存。

4.5 工艺及辅助系统主要设备

4.5.1 扬液器

扬液器是废水处理最常用、数量最多的设备，主要以压空或真空为动力来输送或接受液体。废水处理使用的扬液器在基本结构和阀门布局等都大体相似，区别在于材质及体积大小不同，主要有接收扬液器、原液扬液器、解析剂扬液器、解析液扬液器、自来水扬液器、排放扬液器、母液扬液器、除盐水扬液器等，见图 4-17。

1. 扬液器接收液体状态

扬液器接收液体状态操作过程如下：接到转移液体的通知后，打开扬液器的液位计电源开关，打开扬液器的进口阀，开始接收液体。接到对方转移结束的通知或达到规定的体积后，关闭扬液器的进口阀和液位计，使扬液器处于备用状态。

2. 扬液器真空抽液状态

扬液器真空抽液状态操作过程如下：打开扬液器的液位计电源开关，关闭扬液器的压排阀，打开真空阀，控制压力达到 −0.06～−0.04 MPa 时，打开扬液器进口阀，开始真空抽液。抽液结束后，关闭扬液器的进口阀、真空阀，打开压排阀，关闭液位计电源，使扬液器处于备用状态。

3. 扬液器取样操作

在扬液器的备用状态下，先打开扬液器的压空搅拌阀，搅拌 5 min，使液体混合均匀。然后关闭压空搅拌阀和压排阀，打开扬液器的压空阀和取样阀，待液体流出一部分后，开始取样。取样结束后，关闭扬液器的取样阀和压空阀，打开压排阀，使扬液器处于备用状态。并对取样桶里剩余的液体进行回收。

4. 扬液器输送液体操作

接到输送液体的通知后，在扬液器的备用状态下，打开扬液器的液位计电源开关，打开压空搅拌阀，搅拌 5 min 后，关闭压空搅拌阀。关闭压排阀，打开压空阀，控制压力达到 0.1～0.3 MPa 时，打开扬液器出口阀，开始输送液体。接到停止输送液体的通知或达到规定的输送体积后，关闭出口阀、压空阀，打开压排阀，关闭液位计，使扬液器处于备用状态。

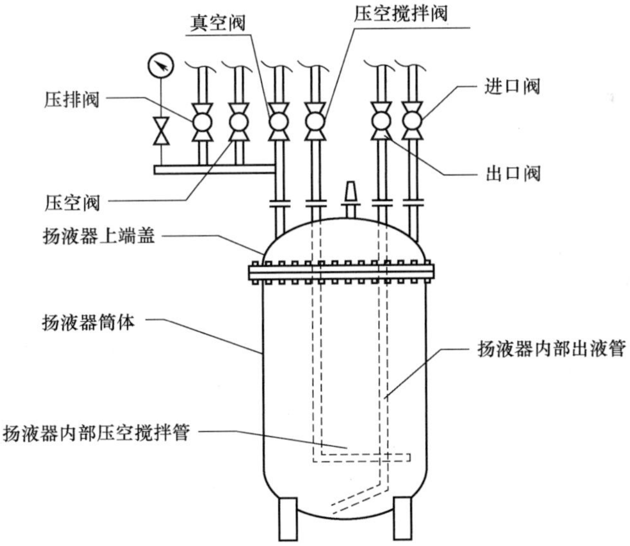

图 4-17　扬液器

4.5.2　贮槽

贮槽是废水处理岗位用于接收或贮存液体的设备，按照功能不同，其中 K-1/2、K-2 贮槽用于接收、贮存［U］＞2 mg/L 的废水，K-1/1、K-7A/1.2.3 贮槽用于接收、贮存［U］≤2 mg/L 的废水，K-5 贮槽用于接收、贮存吸附塔、真空过滤器的水洗液。

贮槽接收液体时，接到接收液体的指令后，打开贮槽相应的进口阀开始接收，结束后关闭进口阀。注意控制贮槽接收液体的总体积及累计总铀量不得超过规定值。

4.5.3 氟塑料泵

氟塑料离心泵是按国际标准并结合非金属泵的工艺设计制造，适用于长期输送任意浓度的强酸、碱、盐、强氧化剂等多种腐蚀性介质，其壳体采用金属外壳内衬聚全氟乙丙烯（FEP）及过流部件全部用塑料合金（PTFE、FEP）制成，集多种塑料泵之优点，具有耐腐蚀性强、耐磨性好、机械强度高、不老化、无毒素分解特点。泵的进出口均采用铸钢体加固，以增强了泵的耐压性。该泵具有耐腐、耐磨、耐高温、不氧化、机械强度高、运转平稳、结构先进合理、密封性能严格可靠、拆卸检修方便、使用寿命长等优点。

（1）叶轮被泵轴带动旋转，对位于叶片间的流体做功，流体受离心力的作用，由叶轮中心被抛向外围。当流体到达叶轮外周时，流速非常高。

（2）泵壳汇集从各叶片间被抛出的液体，这些液体在壳内顺着蜗壳形通道逐渐扩大的方向流动，使流体的动能转化为静压能，减小能量损失。所以泵壳的作用不仅在于汇集液体，它更是一个能量转换装置。

（3）液体吸上原理：依靠叶轮高速旋转，迫使叶轮中心的液体以很高的速度被抛开，从而在叶轮中心形成低压，低位槽中的液体因此被源源不断地吸上。气缚现象：如果离心泵在启动前壳内充满的是气体，则启动后叶轮中心气体被抛时不能在该处形成足够大的真空度，这样槽内液体便不能被吸上。这一现象称为气缚。为防止气缚现象的发生，离心泵启动前要用外来的液体将泵壳内空间灌满。这一步操作称为灌泵。为防止灌入泵壳内的液体因重力流入低位槽内，在泵吸入管路的入口处装有止逆阀（底阀）；如果泵的位置低于槽内液面，则启动时无需灌泵。

（4）叶轮外周安装导轮，使泵内液体能量转换效率高。导轮是位于叶轮外周的固定的带叶片的环。这此叶片的弯曲方向与叶轮叶片的弯曲方向相反，其弯曲角度正好与液体从叶轮流出的方向相适应，引导液体在泵壳通道内平稳地改变方向，使能量损耗最小，动压能转换为静压能的效率高。

（5）后盖板上的平衡孔消除轴向推力。离开叶轮周边的液体压力已经较高，有一部分会渗到叶轮后盖板后侧，而叶轮前侧液体入口处为低压，因而产生了将叶轮推向泵入口一侧的轴向推力。这容易引起叶轮与泵壳接触处的磨损，严重时还会产生振动。平衡孔使一部分高压液体泄露到低压区，减轻叶轮前后的压力差。但由此也会此起泵效率的降低。

（6）轴封装置保证离心泵正常、高效运转。离心泵在工作是泵轴旋转而壳不动，其间的环隙如果不加以密封或密封不好，则外界的空气会渗入叶轮中心的低压区，使泵的流量、效率下降。严重时流量为零——气缚。通常，可以采用机械密封或填料密封来实现轴与壳之间的密封

4.5.4 水环真空泵

再生工艺系统主要为系统提供系统所需的真空。水环式真空泵水环真空泵的外壳呈圆

形，其中的叶轮偏心安装。启动前，泵内注入一定量的水，当叶轮旋转时，由于离心力的作用，水被甩至壳壁形成水环。此水环具有密封作用，使叶片间的空隙形成许多大小不同的密封室。由于叶轮的旋转运动，密封室外由小变大形成真空，将气体从吸入口吸入；继而密封室由大变小，气体由压出口排出。

水环真空泵结构简单、紧凑，最高真空度可达 85%。水环式真空泵的吸气中可允许夹带少量液体，运转时，要不断地充水以维持泵内液封，同时也起冷却作用。

4.6　工艺流程及参数监测与控制

目前铀浓缩工厂含铀含氟废水主要来源为产品容器清洗液、脱附系统产生的中和液以及中间过程产生的废水如沉淀母液、水洗液等。产品容器清洗液经过稀释调配后进行树脂吸附处理，产生的［U］低于 100 μg/L 吸附尾液进行石灰沉淀处理，部分返回再利用。树脂吸附塔饱和后进行解析再生，产生的解析液进行钠盐沉淀，钠盐入库暂存，沉淀母液（高硝酸根浓度）和水洗液（中硝酸根浓度）返回重新处理。脱附系统产生的中和液铀浓度小于 50 μg/L，一般直接进行石灰沉淀处理。石灰沉淀处理合格的废水则对外排放。具体工艺流程如图 4-18 所示。

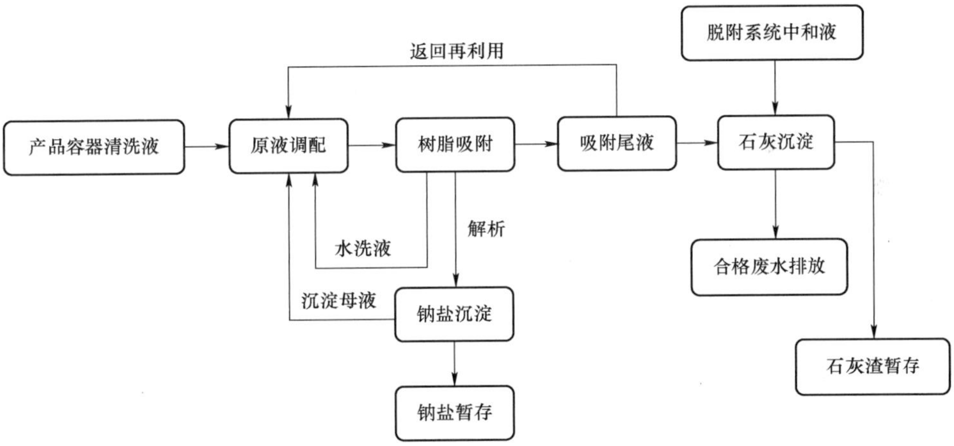

图 4-18　废水处理工艺流程图

系统在运行过程中主要运行参数见表 4-5。

表 4-5　废水处理系统运行参数

操作项目	作业名称	控制项目	工艺参数	控制方法
［U］≤2 mg/L 的废水处理	石灰沉淀	加石灰量	40～60 kg/m^3	称重
		搅拌时间	20～25 min	表计时
		加氯化钙量	12～15 kg/m^3	称重
		搅拌时间	10 min	表计时

续表

操作项目	作业名称	控制项目	工艺参数	控制方法
[U] ≤2 mg/L的废水处理	过滤	静置	30	表计时
[U] ≤2 mg/L的废水处理	过滤	真空度	−0.06～−0.04 MPa	仪表控制
[U] ≤2 mg/L的废水处理	尾液分析	铀含量	≤0.05 mg/L	分析
[U] ≤2 mg/L的废水处理	尾液分析	氟含量	≤10 mg/L	分析
[U] >2 mg/L的废水处理	吸附原液过滤配制	真空度	−0.06～−0.04 MPa	仪表控制
[U] >2 mg/L的废水处理	吸附原液过滤配制	铀浓度	2～400 mg/L	分析
[U] >2 mg/L的废水处理	吸附原液过滤配制	CO_3^{2-}浓度	≤5.5 g/L	分析
[U] >2 mg/L的废水处理	吸附原液过滤配制	HCO_3^-浓度	≤4.5 g/L	分析
[U] >2 mg/L的废水处理	吸附原液过滤配制	$[HCO_3^-]/[CO_3^{2-}]$	<1	分析计算
[U] >2 mg/L的废水处理	吸附原液过滤配制	pH	10～11	分析
[U] >2 mg/L的废水处理	吸附原液过滤配制	F^-浓度	≤8 g/L	分析
[U] >2 mg/L的废水处理	吸附原液过滤配制	NO_3^-浓度	<3 g/L	分析
[U] >2 mg/L的废水处理	吸附原液过滤配制	$C_2O_4^{2-}$浓度	<5 g/L	分析
[U] >2 mg/L的废水处理	原液吸附	压空压力	0.1～0.3 MPa	仪表控制
[U] >2 mg/L的废水处理	原液吸附	吸附流量	400～600 L/h	流量计控制
[U] >2 mg/L的废水处理	原液吸附	单塔吸附总铀	≤10 kg	累积计算
[U] >2 mg/L的废水处理	原液吸附	穿透点	>1 mg/L	分析
[U] >2 mg/L的废水处理	逆流水洗	压空压力	0.1～0.3 MPa	仪表控制
[U] >2 mg/L的废水处理	逆流水洗	水洗流量	200 L/h	流量计控制
[U] >2 mg/L的废水处理	淋洗操作	$NaNO_3$浓度	1 mol/L	分析
[U] >2 mg/L的废水处理	淋洗操作	Na_2CO_3浓度	5 g/L	分析
[U] >2 mg/L的废水处理	淋洗操作	压空压力	0.1～0.3 MPa	仪表控制
[U] >2 mg/L的废水处理	淋洗操作	淋洗流量	70 L/h	流量计控制
[U] >2 mg/L的废水处理	淋洗操作	淋洗液铀浓度	≤10 g/L	分析
[U] >2 mg/L的废水处理	淋洗操作	淋洗终点铀浓度	≤100 mg/L	分析
[U] >2 mg/L的废水处理	水洗	压空压力	0.1～0.3 MPa	仪表控制
[U] >2 mg/L的废水处理	水洗	流量	70 L/h	流量计控制
[U] >2 mg/L的废水处理	水洗	铀浓度	≤2 mg/L	分析
[U] >2 mg/L的废水处理	水洗	NO_3^-浓度	<3 g/L	分析
[U] >2 mg/L的废水处理	水洗	出口pH	7	分析

续表

操作项目	作业名称	控制项目	工艺参数	控制方法
试剂配制	碳酸钠溶液	浓度	5 %	分析
		温度	60～65 ℃	测量
	草酸溶液	浓度	1%～2%	分析
		温度	60～65 ℃	测量
	淋洗剂	$NaNO_3$ 浓度	1 mol/L	分析
		Na_2CO_3 浓度	5 g/L	分析
		温度	60～65 ℃	测量

钠盐沉淀系统主要处理废水产生的解析液、容器清洗岗位产生的部分容器水解液（[U] ≥2 g/L，pH≥7）和浓缩系统产生的浓缩液，废水经接收后送入粗盐沉淀反应器后，加入 NaOH 溶液进行处理，将生成的沉淀物即重铀酸钠经过滤、烘干、装罐后入库，滤液即沉淀母液进沉淀母液扬液器后转至废水岗位处理。

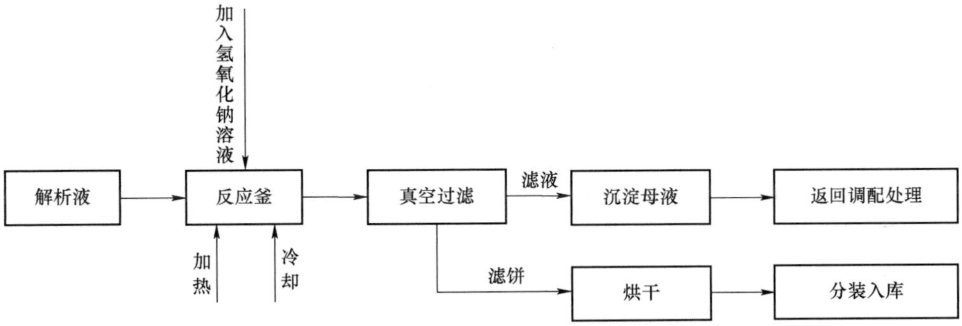

图 4-19　钠盐沉淀系统工艺流程图

系统在运行过程中主要运行参数见表 4-6。

表 4-6　钠盐沉淀系统运行参数

工序	控制项目	工艺参数	控制方法
接收	接收总体积	≤1.0 m^3	仪表控制
	总金属铀	≤10 kg	分析计算
	铀浓度	≥2 g/L	分　析
沉淀	沉淀体积	0.7～1.0 m^3	仪表控制
	加热温度	70～80 ℃	仪表控制
	NaOH 固体加入量	6～25 kg/m^3	计　算
	反应时间	10～30 min	计　时

续表

工序	控制项目	工艺参数	控制方法
沉淀	冷却温度	室温（℃）	仪表控制
	母液铀含量	≤100 mg/L	分　析
	母液中 NaOH 过量	2～6 g/L	分　析
	母液 pH 值	＞12	试纸测试
烘干	烘干后含水量	＜10%	分　析

4.7 临界控制与系统事故处理

4.7.1 临界控制

废水处理系统核临界安全控制方式有以下几种：① 限制工艺设备、操作工序及整个流程中裂变材料的数量；② 控制溶液裂变材料的浓度；③ 控制裂变材料的浓缩度。为防止核临界事故的发生，三种安全控制方式相互结合使用，严格计算物料平衡和铀浓度控制分析，采用压空搅拌和自循环，防止槽罐内部产生沉淀和残留物，确保批量生产。

废水处理系统所处理的含铀废水 ^{235}U 丰度一般低于 3.6%（^{235}U%），但考虑到将来核电发展，可能操作丰度 5%的 ^{235}U。故废水处理系统临界设计计算按丰度 5%的 ^{235}U 考虑。废水处理系统中铀操作量最大的设备主要是四台树脂吸附塔 F-5/1-3、F-5A/4，Ⅰ类废水贮槽 K-1/2、K-2。其他的设备容器单体及其单体之间相互作用，均满足临界安全要求。

Ⅰ类废水贮槽 K-1/2、K-2：对该设备严格进行浓度控制，控制溶液中 ^{235}U 的浓度为 5 g/L 以下，且确保溶液中不出现沉淀累计，并定期进行清洗。

树脂吸附塔 F-5/1-3、F-5A/4：对树脂吸附塔进行质量控制，在 ^{235}U 丰度不超过 5%时，单塔吸附总铀量不得超过 10 kg。此外，在该吸附塔附近设 GLB-Ⅱ型临界 γ 报警器，用于监测 γ 的 3 个探头设在设备附近的墙上。

除上述设备外，其他设备采取浓度和质量双重控制。单个槽或罐内 ^{235}U 丰度不超过 5%时，溶液中 ^{235}U 浓度不得超过 5 g/L，单体内 ^{235}U 的量不超过 500 g。

4.7.2 防泄漏应急措施

废水处理系统采用备用贮槽与地面围堰的双重防泄漏方式，即指定一贮槽为备用贮槽，该贮槽平常为空载状态，一旦有贮槽发生泄漏时，可以将发生泄漏贮槽液体转移至备用贮槽，同时地面围堰阻挡泄漏液体外流，防止污染扩大，方便液体收集。

4.7.3　废水处理系统常见异常处理方法

见表 4-7。

表 4-7　废水处理系统常见异常处理

操作项目	异常情况	原因	处理方法
淋洗	淋洗液铀浓度偏低，淋洗效果差	淋洗剂浓度太低	补充淋洗剂
吸附	原液送不进塔	压空压力不足	增大压力或消漏
		阀门管路堵塞	检查消漏
		误操作	查原因，重新操作
	原液浑浊	过滤不合格	重新过滤
	塔内进空气	塔内液面太低或交换床有空气	水洗除气
		送液结束时压空进入塔内	及时关闭阀门
	穿透点提前	原液杂质或 pH 超标	重新调配
		操作流量太大	调整流量
		树脂装填不足	补充或更换树脂
		树脂磨损流失失效	补充更换树脂
		误操作	查原因，重新操作
		取样分析差错	重新取样分析
水洗	水洗不合格	水流量太小	调整流量
		管路阀门不畅通	检修消除
		水流量太大	调整流量
粗盐过滤	滤速太慢	真空度未达到要求	提高真空度
		系统漏气	检查消漏
	沉淀晶体细	搅拌时间长	减少搅拌时间

在核化工操作时，必须注意操作的防护安全，尽量避免事故发生，做好个人防护工作。为此应该：

操作时必须按规定穿戴好适用的防护用品，尤其在操作开放源及易裂变物质时应注意穿戴好防护用品；

必须严格执行操作规程，严禁违章操作；

严格控制操作中的跑、冒、滴、漏，对溅出的溶液应及时收集，严禁直接排入普通下水。对被污染的设备、地面应及时去污，防止污染扩散；

严格控制设备中 ^{235}U 的残存量和积存量，以防临界事故；

严格控制溶液浓度不超过规定限值；

对溶液系统及时搅拌，以防局部浓度过高；

注意工作场所的通风换气，操作如伴有有毒有害气体、蒸汽或粉末，要在密闭的系统内操作，且要将有毒物质及时排出；

定期进行设备检查及维护，保证机械设备正常。

第 5 章

金属铀的制备

5.1 基本原理

金属铀最先由佩里果恃用钾还原四氯化铀制得，起初铀仅是小规模的制取，随着核工业的发展，大规模生产金属铀也变得重要起来。制备金属铀的方法甚多，归纳起来有以下几种：铀卤化物的热分解；铀氧化物金属或非金属热还原；铀卤化物或氧化物的熔盐电解；金属热还原等。

工业上多采用钙或镁还原四氟化铀的方法生产金属铀。美国、英国、加拿大和日本均采用镁还原四氟化铀的方法，而俄罗斯和法国则采用钙还原四氟化铀的方法。镁的原子量比钙小 1.6 倍，因此制备金属铀时镁的单位消耗量相应地比钙少。镁较钙便宜，纯度也高，镁在空气中较稳定，并易于破碎到所需粒度。

5.1.1 金属钙还原四氟化铀的热力学

钙还原四氟化铀的主要反应方程式为：

$$UF_4+2Ca=U+2CaF_2$$

钙的沸点（1 487 ℃）比氟化钙的熔点（1 360 ℃）高，故钙还原四氟化铀可在敞开设备中进行。对于这个反应来讲，体系吸收的热量（Q_p）不仅用于增加系统的内能（E），而且一部分用于增加膨胀功（PV）：

$$Q_p=\Delta（E+PV）$$

式中，Δ 是表示增量的符号。人们常称 $E+PV$ 这个量为热焓或焓，并用符号 H 表示，即：

$$Q_p=\Delta H$$

上式表明，在等压过程中，系统吸收的热量等于系统中焓的增加量。利用盖斯定律可以计算反应热。计算时，只需把反应右边物质的标准生成热（ΔH_{298}^0）的总和，减去反应式左边物质生成热的总和

$$（\Delta H_{298}^0）某反应=\Sigma（\Delta H_{298}^0）产物-\Sigma（\Delta H_{298}^0）作用物$$

习惯上，若反应焓变值为负，则为放热反应；反之反应焓变值为正，则为吸热反应。25 ℃时钙还原四氟化铀的反应热为的反应是放热反应。由 25 ℃下的反应热，采用基尔戈夫公式可求任何温度下的反应热。反应系统若有相变，必须计算相变热：

$$\Delta H_{298}^{0} = \Delta H_{298}^{0} + \int_{298}^{T} \Delta C_{p} \mathrm{d}T$$

式中，ΔC_p 为产物热容的总和减去作用物热容的总和。C_p 是温度的函数，C_p 表达式可查表获得。

表 5-1 列出了钙还原四氟化铀在不同温度下的反应热。由表可知，反应最高温度可达 2 000 ℃左右，这个温度大大超过金属铀和氟化钙的熔点，因而它们熔化。由于液态金属铀与熔融氟化钙渣不互溶，加之液态金属铀比熔融氟化钙渣的密度度大得多（在 1 700 ℃时，液态金属铀重度为 17.3 g/cm^3，熔融氟化钙渣密度为 2.64 g/cm^3），浅态金属铀很快地聚集在融熔渣的下方，借助静置可达澄清渣的目的。自由能变化是预计反应可能性的判据。如果某反应自由能变化为负，则反应能够自动进行，如果自由能变化为正，除非将能量引入体系，否则反应不能进行；平衡时自由能变化为零。由表 5-1 的数据可知，钙还原四氟化铀的反应能够自动进行。

表 5-1　钙还原 UF_4 的反应热、自由能（*F*）和平衡常数（*K*）在不同温度下的变化

温度/K	ΔH_T		ΔF_T		lg*K*
	kJ/mol U	kcal/mol U	kJ/mol U	kcal/mol U	
298	−575.7	−137.6	−561.9	−134.3	98.49
500	−575.89	−137.64	−552.7	−132.1	57.72
723	−577.4	−138.0	−542.2	−129.6	39.17
938	−567.8	−135.7	−528.4	−126.3	29.42
1 000	−566.9	−135.5	−525.9	−125.7	27.46
1 049	−561.1	−134.1	−524.3	−125.3	26.11
1 123	−578.8	−138.3	−522.2	−124.8	24.29
1 309	−625.8	−149.8	−513.0	−122.6	20.47
1 405	−615.0	−147.0	−504.6	−120.6	18.76
1 424	−605.4	−144.7	−505.8	−120.9	18.46
1 500	−616.3	−147.3	−480.7	−144.9	14.85
1 690	−825.5	−197.3	−480.7	−144.9	11.30
1 963	−1 150.6	−275.0	−424.7	−101.5	11.30
2 000	−1 150.2	−274.9	−411.3	−98.3	10.74
2 273	−1 146.8	−274.1	−310.5	−74.2	7.43
2 500	−1 144.3	−273.5	−227.2	−54.3	4.74

5.1.2 金属镁还原四氟化铀的热力学

镁还原四氟化铀的主要反应方程式为：

$$UF_4 + 2Mg = U + 2MgF_2$$

表 5-2 列出了不同温度下反应过程的自由能、平衡常数和平衡时镁蒸汽压的计算值。从表 2 的热力学数据可知，镁还原四氟化铀的反应是能自动进行的放热反应。由于镁的沸

点（1 105 ℃）比氟化镁熔点（1 264 ℃）低，因此反应必须在密闭设备中进行。

另外，镁还原四氟化铀的反应热不能满足体系的热平衡，体系必须从外部补加热量。若仅靠其自身反应热，产品只能是易于着火的金属铀粉末。补加热量的方法有二：一是采用在炉料中加入“放热添加剂”；二是将炉料预热至一定温度。常用放热添加剂有氯酸钾（$KClO_3$）、过氯酸镁（$MgClO_4$）、过硫酸钾（$K_2S_2O_4$）、过硫酸镁（MgS_2O_4）和碘化物等。放热添加剂与镁作用，能放出大量的热。这样最终反应热能，满足了金属铀和氯化镁渣的溶化和过热。添加剂对金属铀有一定的影响，因此限制了其使用。在预热炉料方法中，确定加热炉温、控制着火时间是一个至关重要问题。因此，人们对在反应装置里初始反应的机理进行了大量的研究工作。大量的热化学研究表明，由于镁的质量和粒度、四氟化铀的类型和质量以及加热速度的不同，炉料的着火温度在 415～630 ℃之间变化。由于着火温度低于四氟化铀和镁的熔点，这时四氟化铀的蒸汽压很低，一开始，反应的进行有两种可能性：固态四氟化铀与固态镁反应或固态四氟化铀与镁蒸汽反应，在 540 ℃时，人们可以观察到固态四氟化铀与镁蒸气的反应，并发现该反应分两步进行：

第一步 $2UF_{4\,(s)} + Mg_{(g)} \rightarrow 2UF_{3\,(s)} + MgF_{2\,(s)}$

第二步 $UF_{3\,(s)} + 3/2Mg_{(g)} \rightarrow U_{(s)} + 3/2MgF_{2\,(s)}$

表 5-2　不同温度下镁还原 UF_4 反应的自由能、平衡常数和平衡时镁的蒸汽压

温度/K	自由能 ΔF_T		平衡常数（lg$K$）	镁的蒸汽压 P	
	kJ/mol U	kcal/mol U		帕斯卡	mmHg
298	−355.1	−80.1	59.0	—	—
500	−325.5	−77.8	34.0	—	—
923	−297.9	−71.2	16.9	—	—
936	−296.2	−70.8	16.5	—	—
1 000	−290.4	−59.4	15.1	—	—
1 045	287.4	−68.7	14.4	—	—
1 309	267.8	−64.0	10.7	—	—
1 376	261.5	−62.5	9.93	—	—
1 406	251.0	−60.0	9.32	1.107	8.3×10^{-3}
1 500	225.9	−54.0	7.85	2.213	1.66×10^{-2}
1 536	216.3	−51.7	7.35	21.33	0.16
1 673	190.8	−45.6	5.95	107.99	0.81
1 690	187.4	−44.8	5.8	127.99	0.96

炉料加热到将要着火时，停止加热，冷却后用 X 射线检查炉料，人们发现，料内存在四氟化铀、三氟化铀（UF_3）和氟化铀酰（UO_2F_2）；另外，按 2 mol 的四氟化铀和 1 mol 的比例配料时，预热后，只能得到三氟化铀，氟化镁和少量的金属铀。这种情况说明，在反应装置还原条件下，第一步反应比第二步反应快得多，第二步反应成为整个反应的控制步骤。实践证明，凡是能改变镁蒸发（蒸发速度或蒸汽压）的因素，都能改变预热时间。

“固态四氟化铀与镁蒸汽的反应是镁还原过程的开始”这一观点已得到普遍的承认，并在生产实践中得到应用。像钙还原一样，在镁还原四氟化铀的过程中，原料四氟化铀和还原剂镁中的大多数杂质都能转入到金属铀中。另外，氧化物自由能的研究表明，镁还原二氧化铀比钙困难。因此，四氟化铀和镁中铀的氧化物和水分含量必须严格控制。

5.2　工艺流程和设备

5.2.1　钙还原法

5.2.1.1　工艺流程

图 5-1 是钙还原四氟化铀的工艺流程示意图。它包括物料准备、还原熔炼、清洗等工序。

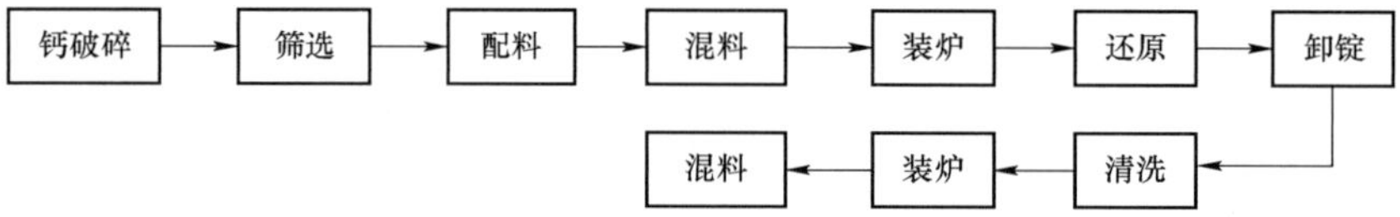

图 5-1　钙还原四氟化铀的工艺流程示意图

1. 物料准备

经蒸馏所得的钙锭，用专用车床或铣床按要求规格加工成钙屑。加工后的钙屑经磁选除铁后，加入四氟化铀的不锈钢料桶分批进行配料、混料和装炉。还原炉装料前，视四氟化铀的质量情况，炉缸底部可预先铺放适量钙屑。装炉过程中混好的料应尽量避免因发生碰撞而偏折。

2. 还原熔炼钙

还原四氟化铀还原竖炉装完料后可以用点燃的镁条、镁粉或铀屑、也可以用点火器进行点火，激发炉料反应。钙还原四氟化铀的着火温度在 500～600 ℃之间。点火后反应激烈进行，同时放出热量，当温度达到钙的熔点（850 ℃）时，钙被熔化化。此时出现，液态钙与固态四氟化铀进行反应：

$$UF_4（固）+2Ca（液）=U（固）+2CaF_2（液）$$

这是一个由固——固反应转变为固——液反应的过程，反应迅速放出大量热。当温度达到四氟化铀的熔点（1 036 ℃）时，四氟化铀被熔化，此时出现液态四氟化铀与液态钙的反应：

$$UF_4（液）+2Ca（液）=U（固）+2CaF_2（固）$$

熔区不断扩大，促使反应更迅速进行，炉内温度达到很高，金属铀和氟化钙渣均被熔化成液体，反应结束。为了保证液态金属铀与熔融氟化钙渣的更好分离，反应后，料液必须澄清 5～15 min。澄清后打开出渣口，炉渣流入预先准备好的渣桶里。出流 20～30 min 后，卸下炉缸，顶出粗铀锭，并迅速吊入冷水槽中进行浸泡，以防止金属铀氧化和清除杂物。浸泡时水面一定要高于组铀锭，以防止由于水的蒸发，使热粗铀锭暴露于大气中而氧化。经过三小时以上水浸泡后，清除粗触锭表面上的炉渣和夹物，清理好的合格粗铀锭装箱送下一工序。

5.2.1.2　还原竖炉

钙还原四氟化铀的设备有敞开式用石墨作炉衬的还原竖炉和密闭式采用氟化钙作炉衬的反应弹。与反应弹相比，还原竖炉具有以下优点：生产容量大；所用石墨炉衬比反应弹氟化钙炉寿命长，制作简单；生产周期短，放渣方便：对炉料中可挥发杂质含量要求没有反应弹那么严，图 5-2 是钙还原四氟化铀的竖炉示意图。

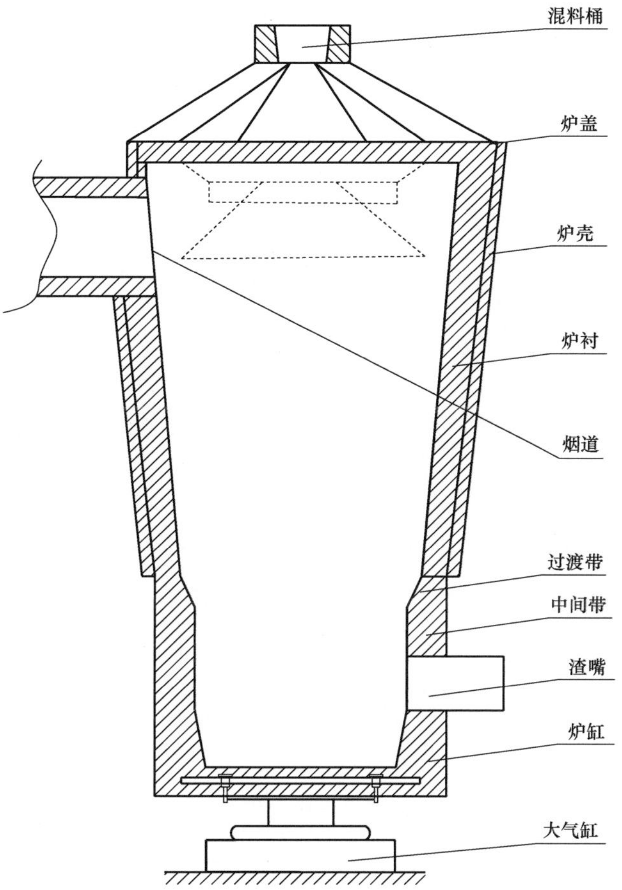

图 5-2　钙还原四氟化铀的竖炉示意图

由于钙还原四氟化铀的反应温度很高，为了避免液态金属铀与熔融氟化钙渣侵蚀炉壳，也防止炉壳玷污金属铀，作为炉衬的耐火材料必须具备以下性能：不与金属铀、钙、氟化钙渣起反应；熔点高、不易吸水、不引进杂质；耐热冲击性能好，能经受剧烈的温度变化；容易获得；价格便宜。因此。一般情况下，石墨、氟化钙、氟化镁和电熔白云石（$CaMg(CO_3)_2$）等可作为炉衬材料。

还原竖炉上部炉膛稍带锥度，下部炉膛接近圆柱形。带锥度的炉膛可阻滞炉料运动，减小炉气上升速度，延长炉料相互作用时间，利于热量散发。同时炉膛设计应满足反应生成物的液面保持在过渡带下部的要求，以确保安全、利于检修。炉渣从中间带的渣嘴放出，金属铀则留在炉缸里铸成粗铀锭。渣嘴高度必须高于炉缸，以便放渣后有覆盖渣层保证金属铀免受氧化。炉缸带有锥度，主要利于粗铀锭脱模。

反应过程中产生大量烟气，必须通过烟道先进入大缓冲室，再进收尘设备收尘。

5.2.1.3 影响因素的分析

在钙还原四氟化铀的过程中，影响金属铀质量和金属回收率的因素，除了操作方法、生产规模大小之外，主要还有以下几个方面。

1. 原料四氟化铀

生产 UF_4 的方法主有湿法和干法，不同方法生产的四氧化铀，其粒度、密度、杂质含量等有所差别。如 UF_4 的粒度+100 目占 20%时，还原反应的金属回收率降低 2%～7%；采用 100%的—325 目的 UF_4 时，则金属回收率降低 12%～15%，故一般情况下，四氟化铀要求的粒度为—100 目。四氟化铀的堆密度不能小于 1.9 g/cm^3，否则会造成单位体积炉料中四氯化铀量减少，导致还原反应的热量不够。另外，堆密度小时，炉料孔隙度往往较大，气体量增多，金属回收率会降低。四氟化铀的堆密度也不能大 2.1 g/cm^3，太大可能会造成与钙堆密度相差更悬殊，而给均匀混料带来困难，也容易产生偏折，使反应不完全，未反应的四氟化铀原料残留在炉缸底部和粗铀锭中。

2. 杂质

四氟化铀中的杂质大体可区分为：影响还原反应和金属铀回收率的杂质，如 H_2O、SO_4^{2-}、K、Na、UO_2、UO_2F_2 等；影响金属铀的机械性质和中子吸收截面较大的杂质，如 Fe、Si、Ni、Mn、Cu、Al 等。前一类杂质在还原过程中不但消耗还原剂钙，更有害的是产生大量气体并使渣熔点增高，对还原过程不利。水分与钙发生如下的激烈反应：

$$H_2O+Ca=CaO+H_2\uparrow$$

反应结果，一方面生成高熔点的氧化钙，使渣中氧化钙含量增高，渣的黏度增大，影响金属铀与渣的分层；另一方面产生氢气，引起物料喷溅，严重时可发生爆炸。实践证明，如果原料四氟化铀中水分的含量增加 0.1%，则金属回收率相应降低 1%。通常，原料四氟化铀中水分含量不应大于 0.2%。另外，每次生产的第一炉，若不烘炉，反应中必定产生喷溅或爆炸，这是炉衬里的水分与钙反应的结果。

HF、硫酸根的影响与水类似。

钾和钠是以 $NaF\cdot UF_4$（$NaUF_5$）和 $KF\cdot UF_4$（KUF_5）的形式存在于四氟化铀。高温时，它们与钙进行激烈的反应，反应式如下：

$$2NaUF_5+5Ca\rightarrow 5CaF_2+2U+2Na\uparrow$$

$$2KUF_5+5Ca\rightarrow 5CaF_2+2U+2K\uparrow$$

反应结果生成大量的钾和钠蒸汽，引起喷溅或爆炸，降低金属回收率，表 5-3 列出了钾和钠总含量对还原反应和金属回收率的影响。

表 5-3 原料中钾、钠总含量对还原反应和金属回收率的影响

K+Na 含量/%	H_2O 含量/%	还原特点	粗铀锭回收率/%
0.2	0.10	非常剧烈	93.7
0.15	0.13	剧烈	96.6
0.06	0.17	平稳	97.1

四氧化铀原料存在一定量的二氧化的和氟化铀酰。在还原过程中它们与钙发生如下反应：

$$UO_2F_2+Ca \rightarrow UO_2+CaF_2$$

$$UO_2+2Ca \rightarrow U+2CaO$$

原料四氟化铀中二氧化钠和氟化铀酰含量高时，它们要多消耗钙，造成反应热量不足，且影响金属与渣的分层，使得金属铀夹渣多，粘渣不易清理。表 5-4 列出了原料四氟化铀中二氧化铀和氟化铀酰含量对金属回收率的影响。

表 5-4 原料中二氧化铀和氟化铀酰含量对金属回收率的影响

UO_2 含量/%	UO_2F_2 含量/%	$UO_2+UO_2F_2$ 含量/%	直接平均回收率/%
3.68	0.5	4.18	98.2
3.7	0.48	4.21	98.18
3.91	0.58	4.49	97.78
4.54	0.47	5.01	97.69
4.61	0.44	5.05	97.0
4.64	0.44	5.25	96.74
5.13	0.60	5.73	96.81
7.67	0.21	7.88	93.8

原料四氟化铀中含二氧化铀和氟化铀酰之和高于 5%时，金属被还原直接回收率低于 97%。

3. 还原剂钙

还原过程中，还原剂钙中绝大部分杂质都能转入金属铀里，因此，生产上一般采用的蒸馏钙，质量标准列于表 5。

表 5-5 蒸馏钙的质量标准

元素	Ca	Fe	Si	Ni	Mn	C
含量/%	～99	$<2-3.5\times10^{-3}$	$<2-3.2\times10^{-3}$	$<5\times10^{-3}$	$<2\times10^{-3}$	$<1-5\times10^{-3}$
元素	Mg	N	K	Na	Cl^-	
含量/%	$<1-1.2\times10^{-3}$	$<1.2-5\times10^{-3}$	$<2\times10^{-3}$	$<1-5\times10^{-3}$	$<1-3.2\times10^{-3}$	

钙屑粒度和形状，对反应的好坏关系密切。钙屑粒度过大时，即使增加混料时间，也难达均匀混料目的。装炉时，还容易偏折。钙屑粒度过细时，虽增大了表面积，但同时也增加了氧化和氮化机会。还会使反应过于激烈而引起喷溅。钙屑粒度和形状要视还原过程用量多少而定，其最佳选料情况是：15 kg 时，宜用 0.5 mm×0.5 mm×10 mm 的；50 kg 时，宜用 2.0 mm×2.0 mm×15 mm 的；500 kg 以上时，宜用 4.0 mm×4.0 mm×20 mm 的。

还原过程中，钙过量的多少，需经过实验确定。不同生产规模时的钙过量标准是：7 kg 规模以下时，钙宜过量 20%～40%；7～10 kg 规模时，钙易过量 20%～30%；50 kg 规模时，钙宜过量 15%～20%；1 800 kg 规模时，钙宜过量 12%，随着生产规模的扩大，热平衡条件变得有利，钙过量可以减少。

5.2.1.4 金属钠的损失与回收

实际生产中，金属铀的损失约 3%左右，损失的途径为：① 操作过程中，洒落在地和被抽风系统抽走，这方面的损失，只要按规程操作，可以降至极少；② 在正常生产中，铀夹杂于炉渣中，这是主要的。一般说来，轻渣中金属铀含量为 0.3%～0.8%，重渣中达 8%～15%。这部分铀以金属铀粒、二氧化铀、炭化铀、四氟化铀等形态存在于炉渣中。金属铀粒大多夹杂在金属轴与炉渣的分界面上，其量的多少主要决定于金属铀与炉渣的互溶性和比重差、炉渣的黏度、金属铀与炉渣界面的表面张力，其中，主要是炉渣黏度和金属铀与炉渣界面的表面张力。炉渣黏度大时，金属铀沉积困难。表面张力大时，阻碍金属铀下沉和渣的上浮。分层不好。由于二氧化铀的比重（10.96 g/cm^3）介于金属铀与炉渣间，加之其熔点又高，所以二氧化铀大多存在于金属铀与炉渣的分界面上，形响金属铀与渣的分层。由于四氟化铀与钙屑接触不好，四氟化铀不发生反应而残留在渣中。③ 废水、废气切屑碎金属等。

炉渣分轻渣和重渣。轻渣的铀含量在 0.3%～0.8%。轻渣在渣锅里冷却一昼夜以上后，可集种送化工处理回收铀。重渣主要由铀的氧化物、氮化物、炭化物等组成，其平均铀含量在 8%～15%。在空气中自然冷却后的重渣呈粉末状，炉缸内和清锭所得的重渣呈块状，可将它们分别集中。送化工处理回收铀。铀锭冷却槽（沉淀物）、除尘系统、下水道沉降物）和切割铀锭后的冷却液（沉降物）等湿重渣，其含铀量为 5%～25%。由于来源较杂，在送化工处理前的集装过程中须清除杂物，必要时应过筛。

废水每立升含铀量少于 200 mg，可在沉降后经特殊下水道排送处理回收。

碎金属是清炉和清锭所得废料，含铀重高达 98.5%～99%。它应直接返回还原过程加以回收，每次还原以加入最不超过该炉：炉料总铀量的 0.5%为宜。但也可送化工厂处理。

5.2.2 镁还原法

5.2.2.1 工艺流程

1. 物料准备

镁精锭用车床按工艺要求加工成镁屑，与一定的四氟化铀装入混料器进行混合。混好的物料由装料机加入反应弹。反应弹装料时，捣实管以每分钟 60 次速度振动，升降机缓慢下降，炉料不断得到压实，其密度为 2.3 g/cm^3。反应弹全部装料时间约需 15 min。炉料除自由散装外，还可以预制成圆柱体的压块，压块密度约为 3.03 g/cm^3。

装料结束后，炉料上面复盖一层（30 mm 厚）氧化钙或氟化钙，防止反应产物对反应弹顶部的浸蚀。然后反应弹加盖密闭。

2. 还原熔炼

将装好料的反应弹吊入加热炉内进行加热。加热炉的温度可控制在 680～760 ℃之间。整个反应装置放在专用的钢筋混凝土地下室内。反应时发出一定声响，反应约在 1 min 内完成，并析出金属铀。反应结束后，反应弹在加热炉里保持 10～20 min，反应产物仍处于液态，金属铀与渣得到进一步分离。然后，反应弹吊出，送到专门场地，在空气中冷却到 480～540 ℃后，喷水 4～6 h，使下部剧烈冷却。冷却后的反应弹运至卸料台，打开并运走反应弹盖。用钢铲打碎上部产物。经振动漏斗将铀锭和渣一起卸入条格筛，铀锭与渣得以分离。所得铀锭的上部残渣用风铲或其他清理工具进行清除。

5.2.2.2　反应弹

反应弹是由反应器和金属承接器组成的。反应器底部装有专供液态金属触流出的特殊阀门。这种结构的反应弹，制得的金属铀，与不可拆卸式反应弹相同。装料为 150 kg 的反应弹，其外径 390 mm，高 1 125 mm，炉衬厚 12 mm。为了反应冷却后易于清除反应产物，反应弹有一定的锥度。反应弹材质是软钢，反应弹炉衬材料可以采用电熔白云石，也可以采用氟化镁渣或石墨等。在正常情况下，反应弹逆用 150 次。

5.2.2.3　影响因素的分析

1. 原料四氟化铀

镁还原四氟化铀过程中，如果四氟化铀粒度大于 80 目的占 10%或大于 100 目的占 20%时，金属铀的回收率均降低 2%～7%。有时，不合格的粒度会造成铀锭渣化。实际生产中，选用的 UF_4 100 目粒度，大于 80 目的不超过 6%，大于 100 目的不超过 20%，小于 325 目不超过 70%，利用如此原料 UF_4。冶炼时铀锭质量较好，金属回收率也较高。另外，原料四氟化铀的堆比重大时，反应弹内单位容积装料量增大，反应弹单位体积内放出的热量也增加）这正是弹式镁还原所要求的。

2. 杂质

原料四氟化铀总含有一定量的二氧化铀和氟化铀酰。当原料四氟化钝中氟化铀酰与氧化铀含量之和超过 2.5%时，金属回收率降低幅度很大。表 5-6 列出了原料四氟化铀中二氧化铀的含量对金属总回收率的影响。

表 5-6　二氧化铀含量对金属总回收率的影响

UO_2 含量/%	还原回收率/%	精炼回收率/%	总回收率/%
0.75	90.6	93.0	85.0
1.56	90.4	92.6	83.6
2.92	88.9	93.2	82.8
8.23	73.5	80.2	58.9
11.44	71.6	97.1	48.0

由表可见，原料四氟化铀中，少量的二氧化铀对金属总收率不会造成严重不良后果，但随着其合量的增加，金属回收率明显降低。同时，国外的小型工厂和实验室试验证明，随着氟化铀酰含量的增离，反应弹的加热时间可以延长，使炉料获得更多的热能，氟化铀酰含量在 0.5%～2.3%时，它对镁还原是有利的。当氟化铀酰含量更高时，加热中会因发生下述反应，使炉料中 UO_2 含量增高，并产生大量气体：

$$UO_2F_2+H_2 \xrightarrow{600\ ℃} UO_2+2HF$$

$$UO_2F_2+H_2O \xrightarrow{2\ 600\ ℃} UO_2+2HF$$

$$Mg+2HF \rightarrow MgF_2+H_2,$$

从而降低了金属础的回收率。因此实践上，在原料四氟化铀中，氟化铀酰含量一般不超过 2.3%。

四氟化铀和炉衬中的水分在反应弹加热和还原时会发生下列反应：

$$UF_4+2H_2O \rightarrow UO_2+4HF$$

$$UF_4+2Mg+2H_2O \rightarrow UO_2+2MgF_2+2H_2$$

$$Mg+H_2O\text{（气）} \rightarrow MgO+H_2$$

反应生成的二氧化铀和氧化镁会增大渣的黏度，增加渣的熔点，降低金属回收率和金属铀质量。

3. 还原剂镁

弹式镁还原过程中，还原剂镁中的杂质绝大部分都能转入到金属铀中，因此其纯度要求很高。美国马林克罗德化学工厂（MCW）所用的镁屑化学成分见表 5-7。

表 5-7　镁屑化学成分

元素	Cd	Fe	Mn	Zr	B	Ni	SiO_2	H_2
含量/10^{-6}	＜0.2	12	30	100	＜0.3	17	170	20～30

各种工厂的大量实验资料表明，硅还原氧化镁所制得的镁其还原效果较好，据推测，这可能是镁的结晶构造的差异所致。因为晶粒结构和尺寸不同时，单位重量镁所鼻有的比表面也不相同。镁屑的适宜粒度要视还原规模而定。美国马林克罗德化学工厂所采用的镁屑粒度组成如表 5-8 所示。

表 5-8　镁屑粒度组成

粒度（目）	+5	−5～+10	−10～+20	−20～+30	−30～+40	−40～+50	−50
含量/%	1	1～2	30～50	30～35	5～10	1～2	1～2

镁过量的多少决定于生产规模、镁屑粒度、UF_4 质量、加热温度等。对于 200 kg 生产规模的反应弹、镁过量 4%～7%，对于 2 吨量的还原，镁过量不超过 0.5%。总之，生产规模小时，镁过量要多，生产规模大，镁过量可减少。

表 5-9 是 25 kg 生产规模下镁过量对金属回收率影响。

表 5-9　镁过量对金属回收率影响

镁过量/%	还原回收率/%	精炼回收率/%	总回收率/%	炉料加热至着火时间/min
0	85.1	16.6	55.2	57.3
2.5	92.7	90.2	83.6	52.3
5	96.2	94.8	91.3	51.4
7.5	96.8	95.7	92.6	49.9
10	96.8	95.2	92.2	49.7
15	95.3	96.5	92.9	49.6

由表 5-9 可见，镁过量低于 7.5%时，金属回收率随着镁过量的增加而显著提高；镁

过量超过 7.5%后，金属回收率随镁过量增加而逐渐降低，其原因是，多余镁的蒸发吸收大量的热量。另外，多余的镁会减少单位体积炉料中四氟化铀量，使单位体积放热量少。炉料加热至着火的时间，也随镁过量的增加而缩短。

4. 加热

为了使弹式镁还原四氟化铀的反应有足够的热量，必须有外加热。生产中，一般是将装好炉料的反应弹，吊入已加热到一定温度的炉里，并继续加热至炉料着火反应。炉温太高时，局部炉料会过热而提前着火反应。影响金属与渣的分层。加热炉温太低时，虽然加热时间增长，进入炉料的热量增多，但影响生产率。适宜的加热温度，主要取决于生产规模和反应弹的几何形状、炉衬种类和厚度、炉料质量和密度等因素。对 150 kg 规模的反应弹还原，加热炉温度一般控制在 680～760 ℃之间。

在镁还原法的工艺中，为了省去粗铀锭的真空熔炼和铸造工序，美国曾采用直接铸锭法，这些铀锭可直接用来加工成金属铀元件的芯体或其他需要的金属铀制品。

直接铸锭每炉生产一锭，重 1 650 kg，直径和高均为 450 mm。炉料为 2 177 kg 的四氟化铀和 338 kg 的镁屑。反应弹材质为软钢，炉衬用返回氟化镁渣制造。炉温度控制在 620 ℃，全部加热时间 14 h。反应弹需经数天后才冷却，卸炉清理机加工。直接铸造的铀锭密度为 19.01 g/cm^3。与真空熔炼后铸造的铀锭相比，直接铸锭中的氧化物、碳化物和炉渣等夹杂物较少，硬度和强度相应降低，但氢含量较高，使铀锭机械性能变坏。因此，生产中要严格控制原料和工艺。

国外还发展了一半连卖的镁还原技术。它是将四氟化铀和镁屑的混合料，还原生产金展铀。用对辊压机压制成料块，料块连续地加入到加热的石墨反应器内，并立即反应，直至反应器装满了液态的金属铀和熔融的氟化镁渣。倾出镁渣液态金属铀倾铸到铸模内。最适宜的操作温度是 1 316～1 317 ℃。除了碳含量较高外，半连续法生产的金属铀纯度与弹式镁还原一样。目前，半连续法的还原效率不高，金属回收率低，出渣和出金属等问题尚未完全解决。因此还未应用到工业生产上。

5.2.3　其他还原方法

5.2.3.1　四碘化铀的热分解

四碘化铀的热分解反应是在赤热的钨丝上进行的：

$$UI_{4\,(气)} \xrightleftharpoons[520\sim560\,℃]{1\,100\sim1\,200\,℃} U_{(固)} + 2I_{2(气)}$$

反应后，金属铀沉积在钨丝上。此过程有很好的纯化作用，所得的金属铀都非常纯。但是在进行上述反应的同时也发生如下反应：

$$2UI_4 \leftrightarrow 2UI_3 + I_2$$

生成的三碘化铀几乎是不挥发的。若提高碘的蒸汽压，抑制 UI_3 的生成，又会妨碍赤热钨丝上的热分解反应，使过程变得复杂化。因此，此法只能在实验室小规模使用，以制取高纯金属铀供科研之用。

此外，在高温低压下，三氟化铀和三氯化铀分解制取金属铀，在热力学上虽是可行的，但无实际意义。

5.2.3.2 金属或非金属热还原铀氧化物

钙、镁和钼、铝等金属元素以及碳和硅等非金属元素，均能还原铀氧化物生产金属铀。

还原反应生成的炉渣（金属氧化物），其熔点都非常高，反应后体系不会出现二个液相，金属铀不能聚积成锭，只能以粉状或珠状分数在渣中，需经一系列处理才能将铀粉从渣中分离出来，金属回收率低。此外铀粉还容易自燃。尽管采用外加热或添加助热剂和助熔剂，仍得不到致密的金属铀，只能增大铀珠的粒度，提高金属回收率不多。因此，金属热还原铀氧化物的方法，未能广泛地应用到工业上，而只被用来为实验室和粉末冶金提供铀粉原料。

高温低压下，从热力学来看，碳还原铀氧化物的反应是可行的，但是，获得的铀总是被大量碳化铀所沾污。在真空度为 1 mmHg 和 1 600 ℃温度下，碳还原八氧化三铀所得金属铀中，碳化物的含量达 5.5%，因而该法实际意义不大。

5.2.3.3 铀卤化物或铀氧化物的熔盐电解

电解氯化钙，氯化钠与四氟化铀（或 KUF_5）的混合熔融盐时。铀按下列反应在阴极上析出：

$$UF_4 \rightarrow U+2F_2$$

$$KUF_5 \rightarrow U+2F_2+KF$$

电解过程是在石墨制的电解槽中进行的，电解槽本身作阳极，用石墨或钼棒作阴极。在一个直径 225 mm、深 525 mm 的电解槽中；每小时大约能生产 25 kg 金属铀，制得的金属铀纯度较高。

阴极上析出的熔融状态的金属铀。定期用真空抽吸法抽出铸锭，可以得到致密金属铀锭。加料方法有两种：一是，直接向电解槽加入二氧化铀粉末，由于二氧化铀在熔融电解质中的溶解度十分低（≤2%），加入时应控制二氧化铀粉的加入速度，加入太快时，二氧化铀会大量沉积到阴极区，影响电解进行，降低金属铀的质量，太慢时生产率降低；二是，先将二氧化铀粉与煤沥清混合压块，烧结成 UO_2-C 块（阳极块），然后将 UO_2-C 块加入阳极篮里进行电解，此法可避免二氧化铀直接沉积到熔融铀中。与前一加料方法比，其电流效率较高。但无论哪一种加料方法，电流效率都不高。直接加料法电流效率不超过 20%；UO_2-C 块加料法，小型实验可达 50%，然而要预先制备 UO_2-C 块使过程复杂化、增加了成本。美国波尔顿斯普林工厂，曾建造了一个容量为 35 000 A 的电解槽，设计生产率为每小时 60 kg 金属铀，由于各种原因未能顺利运行。但是二氧化铀高温溶盐电解具有一定的优点，仍是一种有发展前途的方法。

直接电解还原六氟化铀制备金属铀，已在实验室进行过研究，其电解质由 74%BaF_2、11%LiF 和 15%UF_3 组成，电解温度 1 160 ℃。六氟化铀升华后，用氩气将六氟化铀送入电解质中，并使之电解。操作方法与电解二氧化铀类似，在阳极上获得 CF_4，在阴极上获得液态金属铀。此法主要优点是，同位素分离工厂所得的富六氟化铀或贫六氟化铀，不必先转化成四氟化铀，即可制备金属铀。因此法有一些困难尚待解决，目前未能在工业生产上应用。

目前，除了上述各种方法外，有人曾对钙或镁直接还原六氟化触进行了研究。用钙还原六氟化铀时，以碘作为助熔剂和助热剂，只能获得少量的金属铀，用镁述原六氟化铀，也只能获得金属铀粉。后来该法发展为用钠蒸汽还原六氟化铀制备金属铀：

$$UF_6+6Na \rightarrow U+6NaF$$

此法具有较大的经济优越性，但还有较多的实际问题需要解决。

5.3 贫铀的制备

5.3.1 贫铀

贫铀是指一种 ^{235}U 含量比天然铀更低的铀，主要由 ^{238}U 构成的物质，是获取浓缩铀后剩余的铀，为核燃料生产过程中的副产物。贫铀，也称为贫化铀或耗乏铀或衰变铀等，英文简写为 DU。

贫铀物理和化学性质与铀相同，但由于贫铀中 ^{234}U、^{235}U 含量减少，因此贫铀的辐射能仅是天然铀的 60%。

美国原子能标准委员会（NRC）将 ^{235}U 低于 0.711%的铀定为贫铀，美国国防部定的国防部标准为 ^{235}U 含量在 0.3%以下，而实际使用的标准是 0.20%。表 2 为天然铀和美国国防部使用的贫铀中各种同位素比率的比较。从表中可以看出，贫铀中不但 ^{235}U 含量减少了，^{234}U 也大大减少了。

表 5-10　天然铀和贫铀的比较

	重量百分数				辐射/（Bq/g）
	^{234}U	^{235}U	^{236}U	^{238}U	
一般天然铀（对辐射能的贡献率）	0.005 7%（50.7%）	0.72%（2.2%）	0%（0%）	99.28%（47.1%）	25 900
美国国防部使用的贫铀（对辐射能的贡献率）	0.001%（15.6%）	0.20%（1.1%）	0.000 30%（0.10%）	99.8%（83.2%）	14 800
半衰期/年	2.47×10^5	7.1×10^8	2.4×10^7	4.5×10^9	

5.3.2 贫化六氟化铀

贫化六氟化铀（简称 DUF_6）是铀浓缩生产过程中产生的贫铀材料（简称贫料）。在用气体扩散法提取核武器装料时，每生产 1 t 的 ^{235}U 大约产生 300 t 贫化铀。在为核电站生产 1 t ^{235}U 浓度为 3%的核燃料同时，将产生 4.5 t 的贫化铀。如果所需浓缩铀产品的丰度越高，则生产单位产品所产生的贫化铀越多。可以看出在铀浓缩过程中，相对浓缩铀产品而言，DUF_6 的产生量是很大的。

DUF_6 的化学性质比较活泼，能与空气中的水分发生快速水解反应，形成氟化铀酰（UO_2F_2）和氟化氢（HF），反应生成的物质会对人体产生化学毒性和辐射危害，其中 HF 的化学毒性对人体的影响最大，铀的化学毒性次之，之后是铀的辐射危害。但 DUF_6 可通过相关工艺进行处理将其转化成稳定的化学形态。DUF_6转化产品的稳定化学形态主要有贫化四氟化铀（DUF_4）、贫化八氧化三铀（DU_3O_8）、贫化二氧化铀（DUO_2）和贫化金属铀。

5.3.3 贫铀的毒性

贫铀的毒性包括化学毒性和放射毒性两个方面，而化学毒性是贫铀的主要危害因素。

5.3.3.1 贫铀的化学毒性

贫铀是放射性重金属，就单纯化学毒性比较，它的化学毒性与铀相同，比铅、镉、砷、汞等其他重金属低得多，这种毒性主要导致急性损伤，特别是对肾功能的影响，除非较大剂量，这些影响往往在停止暴露后消失。

铀化合物一般以四价和六价最为普遍。进入体液中的铀以铀酰离子（UO_2^{2+}）形式存在，UO_2^{2+}进入血液循环后可迅速分布到各组织器官，并与体内的一些有机化合物和无机物的配体形成螯合物。肾脏是铀的主要蓄积及排泄器官，进入机体的铀绝大部分进入肾脏并通过尿液排出体外，因此，肾脏是最容易受到贫铀危害的器官。UO_2^{2+}吸收入血后90%以上会在48 h内通过血液循环到达肾脏并随尿液排出体外，伴随高质量分数铀在肾内的暂时蓄积和吸收，剩余一小部分滞留于肾脏内，引起肾小球病变和肾小管上皮细胞损害。

另一个铀沉积的主要部位是骨骼。钙和磷的放射性同位素实验表明，在骨骼表面沉积的每个UO_2^{2+}与两个相邻的磷酸根离子络合，使得原来与磷酸根离子络合的2个钙离子从骨骼中释出，骨骼表面不再有钙离子与溶液中的钙离子进行交换，也不再有2个磷酸根离子与溶液中的磷酸根离子交换，从而严重影响骨代谢，破坏了骨矿化过程。贫铀可降低成骨细胞中碱性磷酸酶、骨钙素和骨唾液蛋白等的表达及活性，导致骨矿化和骨形成过程受到破坏。

贫铀气溶胶吸入的情况下，肺是其损伤的重要靶器官。曹珍山等通过实验发现通过呼吸道进入大鼠肺脏的贫铀气溶胶使肺功能发生明显减退，并呈现出显著的剂量效应关系。随着贫铀吸入量增加和吸入后时间的延长，淋巴细胞浸润而且病变趋势明显加重，同时部分支气管上皮变形，出现严重支气管炎，在贫铀气溶胶吸入晚期，大鼠肺组织出现肺囊泡、肺大泡样病变以及肺脓肿，引起大鼠死亡。

贫铀还具有生殖发育毒性、免疫系统毒性、遗传毒性、中枢神经系统毒性以及致突变、致畸、致癌等危害作用。

5.3.3.2 贫铀的放射性

铀的各种同位素都具有放射性，主要是α射线，其中^{234}U的辐射能占绝对优势。天然铀中^{234}U含量虽少，但其辐射能几乎占全部辐射能的一半。贫铀也有放射性，由于贫铀中^{234}U、^{235}U含量减少，因此贫铀的辐射能仅是天然铀的60%，虽然弱一些，但并无本质减少，贫铀的辐射能主要是由^{238}U贡献的。

贫铀的主要成分^{238}U为α粒子辐射体，半衰期约45亿年。除α粒子外，DU在衰变过程中也能产生其他类型的辐射，如β粒子、γ射线，但数量极小，由于α粒子没有外照射影响，β粒子、γ射线数量极小，因此，DU的外照射危害很小。只相当于0.011 mg Ra，贫铀衰变过程中会放出α、β、γ三种射线。当U从矿中被提炼出后，衰变就开始了

^{238}U—^{234}Th—^{234m}Pa—^{234}Pa—^{234}U—^{230}Th。^{234}Th、^{234m}Pa 与 ^{238}U 在数月内达成放射平衡，在贫铀中，半衰期最长的同位素 ^{238}U 含量比天然铀高，半衰期相对较短的同位素 ^{235}U、^{234}U 均比天然铀低。贫铀表面的β射线辐射剂量只有 2 000 mR/h，穿透性也很弱。不过应该注意，β 射线在金属中减速时要产生韧致辐射。

尽管如此，贫铀的放射性也不容忽视。一枚裸露贫铀弹产生的β和γ射线的剂量当量率约为 2 mSv/h，人员直接接触 70 h，受到的辐射剂量将达到公众在 1 a 内规定的允许受照射剂量。在装载贫铀弹的坦克内，乘员受到贫铀辐射的剂量当量率为 4×10^{-4}～1.8×10^{-3} mSv/h，工作时间按每天 8 小时计算，连续工作 70 天，受到的辐射剂量可达到公众的年剂量当量限值水平。战场上使用的 DU 武器，大部分贫铀将燃烧爆炸，可形成贫铀气溶胶。以一枚 120 mm 贫铀弹为例，爆炸中心部位的放射性水平高出公众活动场所允许浓度的 900 倍，限制进入的区域范围为 50 m。由此可见，操作和处理贫铀，以及进入贫铀污染的环境，必须采取相应的防护措施，包括穿防护服和戴呼吸面具。

就单纯辐射作用，贫铀的损伤效应不如镭、钍等α 辐射体。尽管贫铀的放射性比环境中其他许多天然和人工来源的放射性物质要低得多，但由于吸入的贫铀在肺组织中滞留时间较长，能在体内分布广泛，其慢性内照射损伤具有潜在的致癌危险。一般而言，贫铀对健康的短期影响主要归因于其化学毒性，而长期影响是放射损伤与化学毒性的联合效应，特别是贫铀释放的α 粒子，其致癌性不容忽视。

5.3.4　贫铀的制备

贫化金属铀的制备主要分为两步，第一步采用催化氢还原技术，将 DUF_6 还原成 DUF_4；第二步是采用钙将将 DUF_4 还原成 DU，转化过程涉及的化学反应如下：

$$DUF_6+H_2\rightarrow DUF_4+2HF$$

$$DUF_4+Ca\rightarrow DU+2CaF_2$$

5.3.4.1　DUF_6 的氢还原

1. DUF_6 的还原方法

DUF_6 转化成 DUF_4 的方法主要有 3 种，即氢气还原法、氨还原法、四氯化碳还原法。

（1）氢气还原法：用氢气还原 DUF_6 制备 DUF_4 是目前应用最广的方法，适合对于大量贫化铀的处理，一是成本低；二是可回收 HF，实现循环利用；三是产品的堆密度大、生产能力大而且操作性好。

（2）氨还原法：UF_6 与 NH_3 在 300～400 ℃发生反应，生成 NH_4UF_5，再在大于 450 ℃的温度下，于惰性气体中分解可得。前段采用火焰反应器；后段则用卧式搅拌炉或流化床反应器。

（3）四氯化碳还原法：当还原小批量的高富集度 UF_6 时，可用此法。

在热压釜中置入 UF_6 和大量过剩的 CCl_4，控制温度在 150 ℃以上，UF_6 即被完全还原成 UF_4。反应式为：

$$UF_6+2CCl_4\rightarrow UF_4+2CCl_3F+Cl_2$$

此反应须在热压釜中批式进行。

2. DUF_6 的氢还原流程

DUF_6 还原制备 DUF_4 工艺原理图如图 5-3 所示。

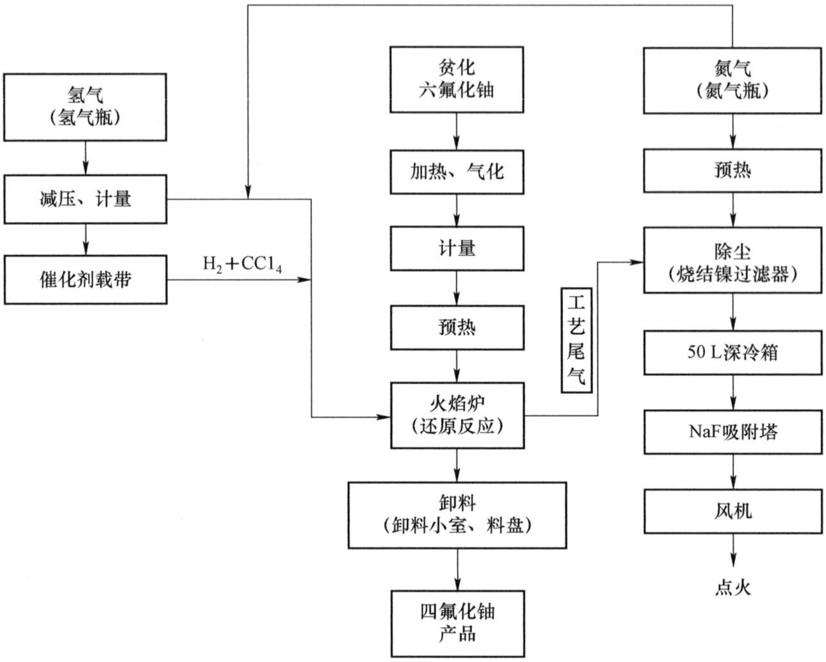

图 5-3　贫化六氟化铀还原制备四氟化铀工艺流程图

5.3.4.2　DUF_6 的氢还原系统组成及作用

1. 氢还原系统主要包括：六氟化铀供料系统、氢气供氢系统、供氮系统、还原反应系统、尾气处理系统和捕集系统。

2. 六氟化铀供料系统：8 L 容器、8 L 容器压热罐、管道加热器等。该系统主要是负责将 8 L 容器中的六氟化铀固体加热液化后再汽化成六氟化铀气体供入还原反应器。

3. 氢气供料系统：主要包括氢气瓶、氢气减压器、氢气缓冲罐和催化剂载带装置。该系统主要负责将氢气减压后供入还原反应器。

4. 氮气供料系统：主要包括氮气瓶、氮气减压器、氮气缓冲罐和管道加热器等。该系统主要负责将氮气减压后供入还原反应器，同时也负责系统的吹扫置换和还原反应器过滤器的反吹。

5. 还原反应系统：主要包括还原反应器、电加热器、破碎机、螺旋输送器、卸料小室等。气体 DUF_6 和 H_2 通过还原反应器喷嘴喷入反应器内，在反应器内发生反应，生成 UF_4 固体和 HF 气体。固体 UF_4 逐步沉降收集至反应器的下部料封段，定期通过破碎机破碎、并经螺旋输送器输送至卸料小室内的 UF_4 产品容器罐中。反应尾气经还原反应器自带的过滤器除尘后，至尾气处理系统。反应尾气包括生产的 HF、过量的 H_2、反吹的氮气以及微量的 UF_4 粉末。

6. 尾气处理系统和捕集系统：主要包括 −80、−170 深冷箱、NaF 吸附塔、防爆风机、点火器、真空泵。其作用是处理生产时的工艺尾气及捕集 8 L 容器中的残留六氟化铀。

5.3.4.3　DUF_6的氢还原过程操作及要点

1. 生产前准备

（1）人员必须经过工艺、操作、安全知识及事故应急处理处置等方面的培训并考试合格；

（2）准备装有贫化六氟化铀的 8 L 容器用于生产；

（3）将 8 L 容器吊装至压热罐，将 8 L 容器出口阀与压热罐的出料口连接好，并进行压力试验，进行打压测漏合格；

（4）配套系统的启动，包括强制通排风系统、局部排风系统、电气设备、自控仪表等处于正常运行状态；

（5）对系统的设备、仪表、控制阀门等状态进行检查确认；认真检测确保阀门和压力传感器的连接，螺栓、螺母是否紧固，温度、压力指示器是否正常，发现故障仪表、阀门及时处理。

2. 生产前的启动

（1）启动尾气系统风机，使系统处于畅通状态；

（2）从 DUF_6 总管、氢气系统经喷嘴进入还原反应器→除尘器→HF 冷凝系统→尾气系统→风机→排风筒进行吹氮；

（3）启动电加热器，将还原反应器预热，同时启动管道预热器，对管道进行预热；

（4）供料管线经氮气置换合格后，打开 8 L 容器出口阀，关闭压热罐上盖，启动压热罐加热装置，对内部物料进行液化。液化时，控制升温速率；

（5）吹氮过程中，观察还原反应系统、加热系统以及各系统的温度、压力、流量计是否正常，如果有异常情况，暂时停止对 8 L 容器加热，及时进行处理；

（6）在投料前，对还原反应器、管道预热器升温，达到投料生产条件；

（7）停止氢气系统吹氮，采用氢气对系统置换，氢气运行正常，尾气点火火苗正常，各系统的加热装置、温度、压力、流量正常，具备投料条件。

3. 投料生产

（1）供料

压热罐内 8 L 容器的温度和压力达到规定后，控制管道出口压力，同时调整氢气流量，缓慢打开连接管出口阀门，使气态 DUF_6 进入 DUF_6 总管，然后缓慢打开 DUF_6 流量计进口阀门，控制 DUF_6 投料量，通过喷嘴进入还原反应器与同时进入的氢气（载带微量催化剂）进行还原反应。

通过还原反应温度、压力的显示，观察还原反应是否被激发，如果还原反应过程的温度、压力持续变化，表明反应在进行中；当 DUF_6 气体供料达不到流量、压力要求时，提高压热罐温度，当压力达不到规定值，停止供料。

（2）还原反应

在还原反应过程中，密切观测还原反应器上各测点温度、压力；还原反应器的烧结镍除尘器定时、定压进行反吹。

（3）卸料

反应结束后，打开卸料口的球阀，打开卸料小室氮气进口阀，对小室进行氮气置换，将物料卸至卸料小室及料盘，通过电子秤称重后，打开小室柜门出料，完成卸料，整个卸料过程在氮气氛围中完成。

（4）尾气系统

还原反应器产生的尾气，经自带过滤器过滤后，其中的 HF 气体冷凝成液体收集于 50 L 容器，不凝性气体通过 NaF 净化后，通过防爆风机、阻火器排放至室外，点火器将尾气中的氢气点燃排放。在收料过程中要密切观察冷风箱的控制温度、进口压力以及收料量。

（5）捕集系统

原料供料结束后，用 24 L 深冷箱对 8 L 容器内残存的 DUF_6 冷凝捕集，DUF_6 收集至 24 L 容器内，通过真空泵后排至局排系统。

4. 停车

停车主要分异常停车、临时停车、正常停车三种情况。

（1）异常情况停车

若出现下述异常情况应立即进行停车检查：

电、氮气因故障停止供应；六氟化铀、氢气或尾气管线出现泄漏现象；还原反应装置出现故障；主要监测仪器仪表出现故障且 1 h 无法修复；系统管道、设备堵塞，无法维持正常运行；尾气防爆风机出现故障需进行检修。

（2）临时停车

还原反应器停车后，其他操作才能停车；还原反应器停车时，先停六氟化铀，后再停氢气，紧急情况下，六氟化铀和氢气可同时停车，严禁先停氢气后停六氟化铀的操作；六氟化铀停止供料时，必须同时用氮气通过六氟化铀管道送入还原反应器中吹洗；六氟化铀停止一段时间后，氢气停止供气，并用氮气流量对管道吹洗；若停车时间较长，六氟化铀管道应进行真空捕集；停氢后，反应、尾气系统需要氮气置换至氢含量<0.4%，尾气才能停车，整个系统才能破空。

（3）正常停车

供料容器停止加热，停供六氟化铀；用氮气对六氟化铀干管进行吹扫；停止六氟化铀进料一段时间后，停止供氢气，进行氮气吹扫，同时停止催化剂载带。

对供料及供氢管道进行氮气置换；还原反应器、六氟化铀预热器停止加热，温度降至室温；系统置换合格后，停止吹氮；停止管道加热器，停电停仪表；尾气系统进行置换后，将氢含量降至 0.4%以下开始停车；关闭吹氮阀门，停止吹氮；关闭防爆风机进口阀，停风机，关出口阀及引压阀；关闭全部的电气及仪表设备。

5. 还原过程操作要点

（1）系统开停车前时，要用氮气对整个系统进行吹扫置换，H_2 系统内氧或氢的含量应至少连续 2 次分析合格，氢气系统内氧的体积份数≤0.5%；氢的体积分数≤0.4%时置换结束；

（2）还原反应器开车时，先通氢气，再通 DUF_6。停车时，先停 DUF_6，3 次后停 H_2；

（3）运行过程中系统温度比较高，要保证系统的密封性；

（4）要维持系统压力的稳定，严格控制反应器内压，高压会使反应器内气体泄漏风险加大；

（5）要控制尾气系统的抽速，抽速过快可能导致 DUF_6 与 H_2 反应不完全，也可能将 UF_4 粉末抽入过滤器中，导致过滤器堵塞。

5.3.4.4 DUF_4 的主要技术指标

主要技术要求如下：

1. 铀含量

DUF_4 中的铀含量大于或等于 75%。

2. 二氧化铀和氟化铀酰

DUF_4 中的二氧化铀和氟化铀酰含量小于 8%。

3. 水分

DUF_4 中的水分小于 0.2%。

4. 外观和松装密度

其松装密度大于或等于 1.4 g/cm^3。

5. 杂质元素

5.3.4.5 DUF_4 的钙还原

1. DUF_4 的钙还原流程

采用 Ca 作为还原剂将制得的 DUF_4 还原为 DU，钙还原制备金属铀都是在小室内完成的。主要工艺过程为：DUF_4 干燥后与钙按一定比例进行混合配料，混料经压团后与反应弹装配，装配合格再通过激光点火引发反应，反应结束后，拆除铀锭，进行包装、取样、测密度等。制备过程中涉及的反应与铀的制备一样，制备工艺流程如图 5-4 所示。

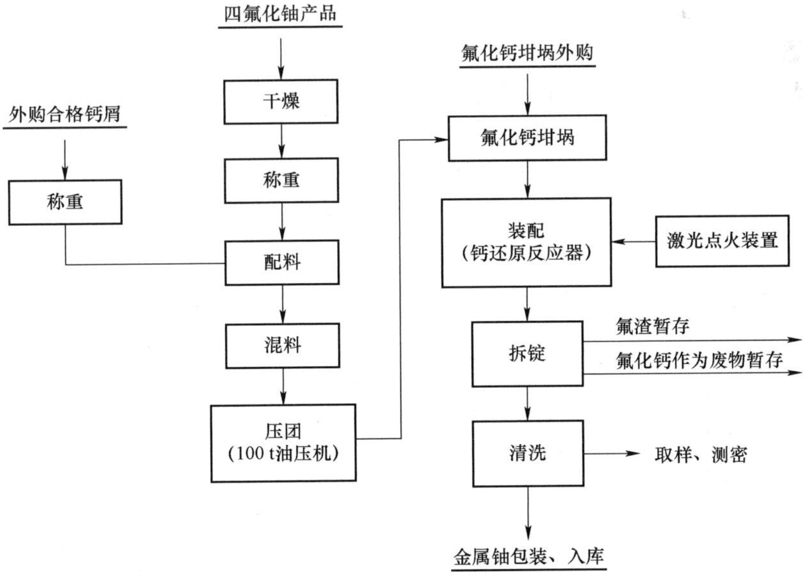

图 5-4 四氟化铀还原制备金属铀的工艺流程图

2. DUF_4 的钙还原的系统组成

钙还原系统主要包括：10 个密封小室，即干燥小室、中间小室、配料小室、压团小室、中转小室、熔炼小室、拆锭小室、清洗小室、称重小室、取样小室。从干燥到取样、称量等工序均在密闭的手套箱内进行，手套箱以“U”字形串接布置于房间中部。

3. DUF_4的钙还原操作

四氟化铀经干燥后，去配料小室，外购的钙屑也送至配料小室，根据四氟化铂和钙屑的比例，分别称量后，倒入机械混料装置。混好的料分两次至压团小室，经 100 t 液压机压制成团，装入镍坩锅，并在团块表面放置一定量的钙屑和四氟化铀的混合物，再将镍坩埚与反应弹装配后，抽真空数次，测反应弹中的真空度满足要求后，激光点火，在反应弹内钙屑和四氟化铀发生反应，观测反应弹的压力、湿度，判断反应是否完成。反应弹器驶温度降至 50 ℃左右时，将坩埚拆出。送拆锭小室。铀锭送取样小室，取样分析。

4. 真空干燥

自氢还原系统 UF_4 产品罐（送入干燥小室内，在小室中将料分装入料盘，依次放入真空干燥箱中。对真空干燥箱抽空、加热，一段时间后缓慢开启放空阀进行破空，使真空干燥箱自然冷却降温，当温度不大于 50 ℃、压力常压时打开真空干燥箱密封门，依次取出料盘，经中间小室传递至混料小室。

5. 配料、混料

在混料小室内将干燥的 UF_4 物料均分，称量，再将经中间小室来的金属钙屑按照计算量（超化学计算量的 10%）用电子秤进行称重后，一起装入混料容器；混料容器固定在机械拌装置上搅拌混合均匀后，混料容器取下后送入压团小室。

6. 压团

在压团小室内，将混好的物料倒入压模中，启动 100 t 液压机进行压团，每批料压制两个团块。取出团块传送至配料小室复称后，传送至中转小室。

7. 装配、点火

在中转小室将团块放入已装配合格的坩埚内，每个坩埚内放置两个团块。而后将坩埚放置在反应弹底板上，用顶升装置将坩埚随反应弹底板一起顶起，装入反应弹内并密封。反应弹密封后，启动真空泵对反应弹进行三次抽真空充氩气，抽空后缓慢对反应弹充氩至常压（表压为“0”）。激光发生装置对反应弹进行点火，激发反应。

8. 拆卸打号

反应后进行铀锭拆卸。打开反应弹，记录反应后情况，传送至拆卸小室。在小室中，倒置坩埚，轻轻撞击倒出氟化钙内衬，敲打取出金属铀锭。对内衬氟化钙进行清理、挑选、回收。清扫金属铀锭表面粘附物，在金属铀锭表面打上批号后，送入取样小室。

反应弹内的氟化钙分可回收和不可回收两部分，反应过程中钙与 UF_4 生成的氟化钙中含有少量的铀珠，这部分氟化钙收集暂存待集中处理；氟化钙坩埚部分作为固体废物。

9. 取样

清扫后的铀锭传送至抽空充氩合格的取样小室内，用台钻取样，样品送分析计量部门进行分析，合格产品传送至称量小室。

10. 称量

在称量小室内用电子天平称量产品重量并记录，称量好的产品装入产品容器，定期集中送库房暂存。

5.3.5　DU 的主要技术指标

DU 指标执行标准：参照执行中华人民共和国军用标准《贫化铀金属锭规范》（GJB 3420—98）。

主要指标：化学成分、密度、外形尺寸（图样和要求）、外观质量（清洁、无氟化钙炉渣）。

表 5-11　贫化金属铀锭化学成分与分析指标（$\times10^{-6}$）

牌号	U	C	Fe	Ni	Si	Cu	Al	Mn	N
010 粗-1	余量	80	40（1）	40	40	40	40	50	60
010 粗-2	余量	250	40	40	40	40	40	50	60
010 粗-3	余量	500	200	50	150	50	50	50	60

注：（1）根据使用要求，订合同时放宽至 80×10^{-6}。
（2）牌号根据用途不同区分的。

5.4　贫铀的应用

目前贫铀及其合金在军事及民用工业中已获得成功应用。

5.4.1　军事工业中的应用

贫铀合金在军事工业中的应用，包括三个方面：贫铀合金动能穿甲弹、贫铀合金药型罩破甲弹、贫铀合金装甲。铀可与钼、钛、钒、锆、铌等多种金属制成各种铀合金材料。可用普通真空熔炼法熔炼成合金。由于贫铀硬度很高，是钢硬度的 2.5 倍，并且其强度、密度和韧性均好，可以制造穿甲弹以对付坦克、装甲车等坚硬目标。贫化铀还具有自燃特性，在侵彻过程中，重金属贫化铀的细小金属粒子会得到充分燃烧，从而引起目标着火。目前，世界上至少已有 17 个国家和地区拥有贫铀弹。

贫铀与另一种具有良好侵彻性能但不具备自燃特性的重金属钨相比之下的价格问题。钨不是放射性元素，所以在加工过程中没必要采取任何特殊保护措施，在制造钨弹的过程中也不存在废物处理问题。尽管贫化铀的放射性很低其使用环境也很完全，但是它的放射性元素的名声却给人造成了不必要的恐惧。因而尽管贫化铀不是一种危险材料，但为满足公众的心理工业界还是不得不建立了足够的工人人身保护和废物处理系统。

5.4.2　核工业中的再利用

5.4.2.1　作为屏蔽材料的应用

贫铀具有密度大、中子俘获截面大、熔点较高、辐照稳定、导热性好、价廉、易加工等一系列优点，尤其对γ及 X 射线的吸收系数很强，是优良的屏蔽材料。

1. 制造成乏燃料及高放废液运输容器和放射源屏蔽容器

采用贫铀制成的防护源罐质量只有铅质源罐的 30%，特别适合制作需要屏蔽能力强，而安放地方小的屏蔽容器，而且贫铀屏蔽容器的作用寿命也很长。

2. 制成贫铀混凝土

贫铀化合物作为混凝土的组成部分之一，制作重混凝土。将贫铀化合物用于制作混凝土，对于不同的贫铀化合物，最少仅需目前使用的混凝土厚度的一半即可实现相同的屏蔽性能。在这种方法中，使用铀化合物来替代常规混凝土的粗骨料，将其装入可提供预期结构强度的环形不锈钢壳中来做成容器。

目前，最先进的贫铀混凝土技术是将贫铀转换成二氧化铀颗粒，使用一种特殊的粘合剂将其聚合成型，然后将其烧结形成致密的骨料—DUAGG（depleted uranium aggregate）。DUAGG 再与传统的混凝土成型材料（如水泥、沙子和水）相结合，形成一种超高密度混凝土—DUCRETE（depleted uranium concrete）。

使用贫铀混凝土可制成反应堆乏燃料（SNF）干式贮存设施。Sierra Nuclear Company 开发了使用 DUC RETE 的 VSC-24 干式贮存器。该干式贮存容器可以储存压水堆（PW R）乏燃料组件 24 个或沸水堆（BW R）乏燃料组件 61 个，该容器比普通混凝土容器的重量减少 30%左右，而且占地面积也更小。俄罗斯 Gesellschaft für Nuklear-BehHlter（GNB）制造的用于 SNF 贮存和运输的容器—CONSTO R，相对其原先的混凝土容器直径减少约 35%。

5.4.2.2 作为燃料使用

1. 通过原子激光法（AVLIS 法）将 DUF_6 进行再浓缩。AVLIS 法是激光法中最成熟的分离技术，其突出优点是分离系数大，一次分离即可获得适用于制造核武器的高浓缩铀，但因其技术难度大，目前离工业应用尚有较大的距离。

2. 就是将其转化为 DUO_2 直接作为快堆再生区的燃料，或与二氧化钚混合制成快堆燃料。

5.4.2.3 贫铀在其他工业中的应用

1. 利用贫化金属铀的致密性，将其作为铲车/叉车、飞机、船舶配重材料。

2. 利用贫铀氧化物可制造多种催化剂，可以氧化消除挥发性环境污染有机物、催化氧化烷烃或烯烃制甲醛，也可以催化氧化烯烃制备不饱和醛等。不仅铀的氧化物可以作为催化剂，铀的卤化物和取代卤化物以及铀酸盐在一些反应中也有很好的催化活性。高性能陀螺转子、惯性飞轮、钢铁冶炼及陶瓷工业中的釉彩添加剂等。

3. 铀氧化物的电子、电气特性相当于或大大优于传统的 Si 和 GaAs（砷化镓）等半导体材料。在室温下，UO_2 的固有电导率与单晶硅的大致相同，比 GaAs 的略低，说明 UO_2 是一种很好的半导体材料。UO_2 的能量带隙介于 Si 和 GaAs 之间，在带隙与效率曲线上位于最有利的区间，也就是说能够用 UO_2 制造非常高效的太阳能电池、半导体或其他电子设备。UO_2 的电容率（22）约为 Si（11.2）和 GaAs（14.1）的一倍，这意味着，用 UO_2 制成的集成电路可远小于传统的集成电路。UO_2 陶瓷体比 Si 或 GaAs（$<$473 K）能承受更高工作温度（2 600 K）。此外，铀氧化物更耐辐射损伤，更适合于制造在特殊领域（例如，太空和军事应用）中使用的设备。

4. 贫铀活化燃料电池。贫铀活化燃料电池结构与一般燃料电池相同，但电极采用多孔石墨电极，内部掺入少量贫铀，阳极表面沉积一层铂，阴极表面沉积一层钯。铂和钯是吸收氧，氢的材料，使活化材料附近燃料密度更大催化效率更高。^{238}U 进行衰变放出α射线，α 射线在空气中每前进 1 cm 就产生几万对离子，因此可使燃料大量电离参与反应。

5. 铀显示了过渡性金属和稀土金属两方面的特性，最近作为诠释超导理论的材料而受到注目。另外，在磁性材料、光学材料方面的新特性的研究、有关铀合金的贮氢特性的研究等也在进行。

第6章

铀浓缩工厂三废的处置

6.1 概　述

铀-235是唯一天然存在的易裂变核素，在天然铀中丰度为0.711%，铀-238占99%以上，而铀浓缩工厂就是指用人工方法使铀-235丰度富集的过程，因铀-235是唯一的一种稳定又具高度挥发性铀化合物，化学性质活泼，与水反应生成氟化氢，有较强的化学毒性。铀浓缩工艺系统要求有高度的密封性和清洁度，但是在铀-235丰度富集工艺过程中还是会产生含铀、氟的放射性废气、废液、固体废物。我国国家标准放射性废物的定义是“为审管的目的，放射性废物为含有放射性核素或被放射性核素污染，其浓度或活度大于国家审管部门规定的清洁解控水平，并且预计不再利用的物质”。废物的清洁解控水平是由国家审管部门规定的，以放射性浓度、放射性比活度和总活度表示的一组数值。对那些虽然含有放射性物质，但其放射性浓度、放射性活度或放射性污染水平不超过国家审管部门规定的清洁解控水平的废物，不属于放射性废物。

放射性物质不仅会污染环境，而且核辐射会对人体造成危害，所以对放射性废物的处理和处置要严格要求，必须十分谨慎。为了安全和（或）经济目的而改变废物特性的操作，称为放射性废物处理。把废物放置在一个经批准的、专门的设施（例如近地表或地质处置库）里，不再回取，称为放射性废物处置。由于固体废物不流动，其长期贮存或永久处置相对安全，而且比较容易监督。所以，一般将放射性废物转化成为不溶解、稳定的固体状态，然后再处置。废气和废液经过净化处理，符合排放标准之后再由控制地排入环境，也是一种处置手段。

6.2 放射性废物处置原则

为了避免放射性废物对现在和将来人类健康和环境产生不利的影响，对放射性废物的管理必须履行旨在保护人类健康和环境的各项措施，国际原子能机构（IAEA）征集成员国意见的基础上发布了放射性废物管理的九项基本原则：

1. 保护人类健康，放射性废物管理必须确保对人类健康的保护，达到可接受水平

放射性废物不仅有毒性的危害，而且有辐射的危害，需要特殊的保护，必须控制工作人员和公众受到辐射，在国家规定的允许限值之内，并且可合理达到的尽可能低的程度。

2. 保护环境，放射性废物管理必须提供环境保护，达到可接受的水平

放射性废物管理应使放射性废物向环境的释放实际可达到最少，优先的方法是把放射性核素浓集和包容起来，也可采取适当的控制措施，在批准的限值内释放到大气和水体中，也可几项复用。

放射性核素释放到环境中，要考虑对除人类之外的其他生物可能受到的照射及其影响，还要考虑在相当长的时间内对天然资源的可运行产生的不利影响，还要考虑化学污染和生物天然栖息变更的影响等。

3. 超越国界的保护，放射性废物管理，必须考虑对人体健康和环境超越国界可能造成的影响

本原则出于道义上的考虑，在放射性废物的正常释放、潜在释放或放射性核素越境转移的各种情况下，放射性废物管理要使对相关国家人体健康和环境的有害影响不大于对自己国内已经判定的可接受水平。

4. 保护后代，放射性废物管理必须保证对后代预期的健康影响不大于当今可接受的有关水平

本原则是基于对后代健康的人道考虑，这一目标主要通过采用天然屏障及工程屏障构成的多重屏障体系来实现，此外，应考虑未来人类闯入隔离区域的活动或自然活动，可能会对处置设施的隔离能力产生不利影响，还应考虑预测遥远未来的困难性，会造成安全评价的不确定性。

5. 不给后代造成不适当的负担，放射性废物管理必须保证不给后代造成不适当的负担

本原则也是出于道义上的考虑，享受核能开发利用好处的人们应承担管好其产生废物的责任，有些活动的影响可能延续到后代，如废物处置，对处置设施应按规定进行监测和控制。对放射性废物的管理当代人有责任开发技术、建立基金体系进行有效控制和计划安排。

6. 纳入国家法律框架，放射性废物管理必须在适宜的国家框架内进行

国家应制定法律框架，发布放射性废物管理的法律和法规，进行放射性废物管理的有关部门和机构应有明确的分工，审管职能必须与运行职能分离，使放射性废物管理实现独立的审查和监管。

放射性废物管理，特别是放射性废物的处置，要涉及许多代人和持续非常长的时间，故现在及将来的情况都应予以考虑，应当确保职责的长期持续性和资金满足要求。

7. 控制放射性废物的产生，放射性废物管理应遵从废物最少化原则，即使放射性废物的体积和活度减少到可合理达到的尽可能少的原则

通过适当的设计、运行和退役，使放射性废物量和放射性活度两者都尽可能的最小。最小化贯穿从核设施设计开始到退役终止的全过程，最小化包括减少源项，再循环、再利用，对二次废物和一次废物的处理等。

减少废物量的方法包括：优化管理、对材料的选择和控制、循环使用和复用，采取分类和减容措施，以及优化的运行程序等。

8. 兼顾放射性废物产生和管理各阶段间的相依性，必须重视放射性废物产生和管理的各阶段间的相互依存关系，实施全过程管理

由于放射性废物管理各阶段处于不同时期，且各阶段间都会有相互联系，某个阶段所做出的放射性废物管理的决定可能会对后续阶段产生影响。因此要正确的识别各阶段间的相互作用和关系，使管理的安全和有效性得以平衡。

9. 保证废物管理设施安全，必须保证放射性废物设施使用寿命期内的安全

废物管理设施的选址、设计、建造、调试、运行、退役、处置场的关闭，都应优先考虑安全问题，包括预防事故和减轻事故影响的措施，尤其要重视公众问题，提供和保持适当水平的保护，限制可能的辐射影响。放射性废物管理设施在整个寿命期内，应该有适当的质量保证、人员培训和资格认证，适当评估设施的安全及环境影响。

由此可见，放射性废物管理者的责任是按照国家颁发的相关法律、法规和标准及国际社会一致同意的放射性废物管理的基本原则和辐射防护原则，安全、经济、科学、合理的处理、处置好废物，废物最少化应作为放射性废物管理必须遵循的宗旨和努力的目标，为此，废物管理应把豁免的废物和物料分出来，把可再利用、再循环的物料分出来，经过适当的处理，使需要最终处置的废物可合理达到的尽可能少，经过适当的处理和整备得到安全处置。

国际上公认的放射性废物处理和处置要达到以下要求：

1. 满足当代和后代人类辐射防护需要，符合辐射防护标准，保护人群免受辐射防护伤害；

2. 最大限度的减少后代的任何影响；

3. 避免影响当代和后代对自然资源的开发利用。

6.3 放射性废物的分类

1. 按放射性废物物理性质分类

按放射性废物的物理性质可分为气载废物、液体废物和固体废物三类。固体废物又可分为可燃废物和不可燃废物，可压缩废物和不可压缩废物；液体废物可分为含有机物和不含有机物的水溶液；气载废物则按其放射性类型和实际含有的放射性气体成分来进行分类。

2. 按放射性废物含有α、β和γ辐射体的不同类型分类

按α、β和γ辐射体类型可分为α废物、β/γ废物。这是对固体和液体废物进行分类时所考虑的重要因素，按辐射类型划分为废物，以便采取适当的屏蔽和防污染措施。

3. 按放射性核素的半衰期分类

按放射性核素的半衰期可分为短寿命、中等寿命和长寿命核素。为了方便的处理放射性废物，在处理前的分类时应考虑利用放射性衰变因素，短半衰期废物可进行储存衰变处理；若为长、短半衰期混装废物，在最终无害化处理前，可先把废物进行贮存，待短半衰期核素衰变完成之后再做其他处置，若为液体废物，可利用化学或物理方法先对其进行去污，然后将其转变成为不易浸出的固体废物，再进行处置；气体废物可在过滤去污净化后

排放。

4. 按放射性含量分类

即分类时主要考虑单位体积或单位质量废物中放射性的含量。测量液体废物放射性含量比较简单，固体和气体废物可直接测量其放射性含量所达精度进行估计，但必须要求放射性是均匀分布的。如果废物中放射性分布不均匀，则测量结果不能反映出废物中放射性的真实含量。如果继续采用估算的方法来确定废物中放射性的含量，就会对放射性废物的处置产生不利影响，GB 9133《放射性废物的分类标准》的规定，每一类废物（废气、废液、固体废物）按其放射性水平可分为不同的级别（见表 6-1）。

表 6-1　放射性废物分类表

<table>
<tr><th rowspan="2">放射性废物类别</th><th rowspan="2">放射性气载废物放射性活度浓度/（Bq/m^3）</th><th rowspan="2">放射性液体废物放射性活度浓度/（Bq/L）</th><th colspan="5">放射性固体废物（按辐射类型和半衰期分类）比活度/（Bq/kg）</th></tr>
<tr><th>α 废物半衰期 ＞30 a</th><th>半衰期 ≤60 d</th><th>半衰期 60 d～5 a</th><th>半衰期 5～30 a</th><th>半衰期 ＞30 a</th></tr>
<tr><td>高放废物</td><td>—</td><td>$>4\times10^{10}$</td><td rowspan="3">单个包装 α 比活度：$>4\times10^{6}$；对近地表处置设施，多个包装的平均 α 比活度：$>4\times10^{5}$</td><td>—</td><td>—</td><td>$>4\times10^{11}$，或释热率 >2 kW/m^3</td><td>$>4\times10^{10}$，或释热率 >2 kW/m^3</td></tr>
<tr><td>中放废物</td><td>$>4\times10^{7}$</td><td>4×10^{6}～4×10^{10}</td><td>$>4\times10^{6}$</td><td>$>4\times10^{6}$</td><td>4×10^{6}～4×10^{11}，且释热率 ≤ 2 kW/m^3</td><td>4×10^{6}～4×10^{10}，且释热率 ≤ 2 kW/m^3</td></tr>
<tr><td>低放废物</td><td>$\leq 4\times10^{7}$</td><td>$\leq 4\times10^{6}$</td><td>$\leq 4\times10^{6}$</td><td>$\leq 4\times10^{6}$</td><td>$\leq 4\times10^{6}$</td><td>$\leq 4\times10^{6}$</td></tr>
<tr><td>豁免废物</td><td colspan="7">对公众成员照射所造成的年剂量值小于 0.01 mSv，对公众的集体剂量不超过 1 人 • Sv/a 的含极少放射性核素的废物。</td></tr>
</table>

5. 按所测放射性废物的剂量率分类

对具有β—γ 辐射的固体放射性废物，依据其剂量率的高低进行分类。其测量方法比较简单，还可定量考虑处理固体放射性废物时的外辐射危害。这种分类可根据外辐射剂量率，考虑屏蔽所使用材料（铅、水泥或其他物质）的厚度，以便使表面剂量率达到可以接受的水平。

6. 按放射性废物中核素的毒性分类

一些国家常把放射性废物中所含单个放射性核素和混合放射性核素在水和空气中的最大允许浓度作为分类依据。我国 GB 18871《电离辐射防护与辐射源安全基本标准》中已将放射性核素按毒性分为极毒、高毒、中毒和低毒 4 组。

在处置放射性废物时，放射性废物分类应作为其重要依据之一。

6.4　放射性废物的处理、处置

铀浓缩厂工艺系统（见图 6-1）主要包括：级联、供取料、产品液化均质倒料、物料贮存运输、沾污容器和设备清洗、废液处理、设备检修等，放射性废物中残留有铀及铀化合物、氟化氢等物质，排放前须处理、处置，防止铀和氟对环境的污染。

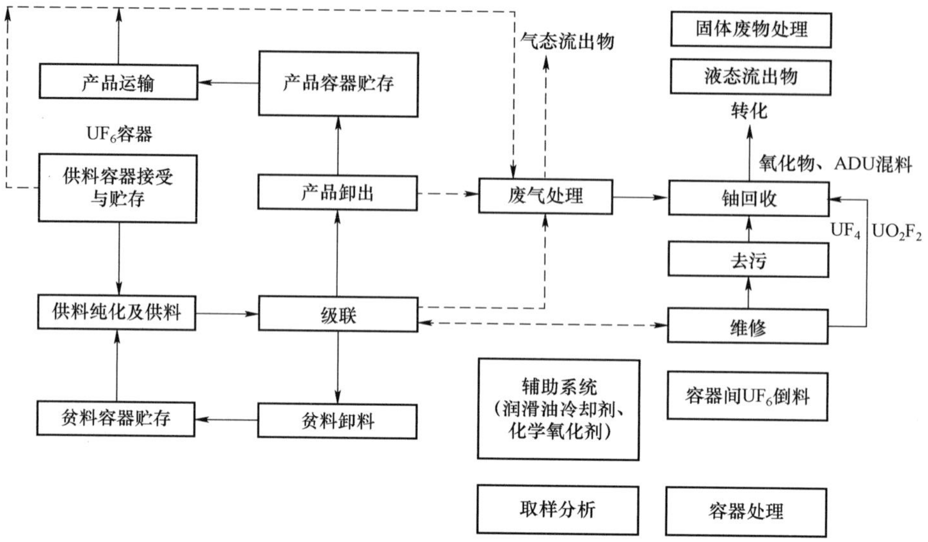

图 6-1　铀浓缩设施典型工艺流程示意图

6.4.1　放射性气载废物

气体离心法铀浓缩设施的主要工作物质是 UF_6，主要污染物是铀及其氟化物。放射性气载废物来源主要集中在各工程离心级联大厅、供取料厂房、液化均质厂房、质谱分析间、容器清洗厂房的全面排风、局部排风和工艺尾气。

气载放射性废物排入周围环境会引起人体受内照射的危险，其途径为吸入受污染的空气，饮食含有放射性物质的水和食物。因此，放化工厂排放的气体，必须严格按照最大允许污染水平规定的每个核素的排放限值。废气经过各种净化后，最终通过高空稀释排放。铀浓缩厂房正常生产情况下，在整个工艺过程中，工作气体（UF_6）均在密闭级联系统内呈负压的状态运行，不会向外泄漏，厂房空气中的放射性气溶胶远低于管理目标限值，不需要做专门处理，通过屋顶排风管排出。

级联卸料系统设有工艺尾气净化系统，即发生工艺故障时将级联系统内的工作物质收集到卸料系统，收集过程产生的工艺尾气经供取料系统的废气处理系统（见图 6-2）处置后通过屋顶排风管排入大气。

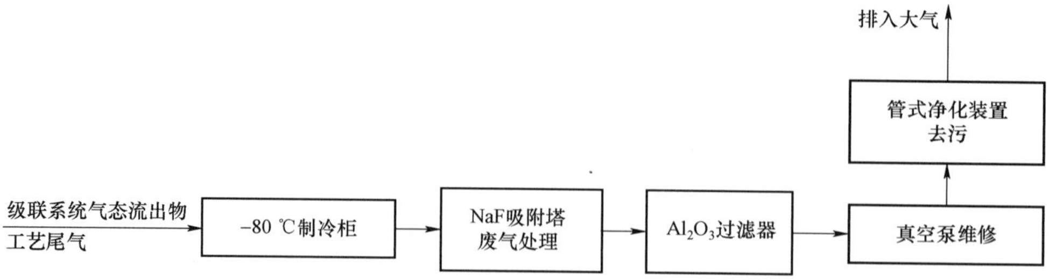

图 6-2　离心级联卸料系统工艺尾气净化流程示意图

−80℃制冷柜用于吸收尾气中所含的少量 UF_6，NaF 吸附塔吸附尾气中的 HF，管式净化装置可过滤尾气中可能含有的颗粒物。

供取料厂房设有局排净化风系统（见图 6-3），设有空气净化装置（含初效过滤器、高效过滤器）及干法吸附酸性废气净化器，干法吸附酸性废气净化器用来净化气体中 HF，空气净化装置高效过滤器用于净化废气中气溶胶 UF_6、UO_2F_2。

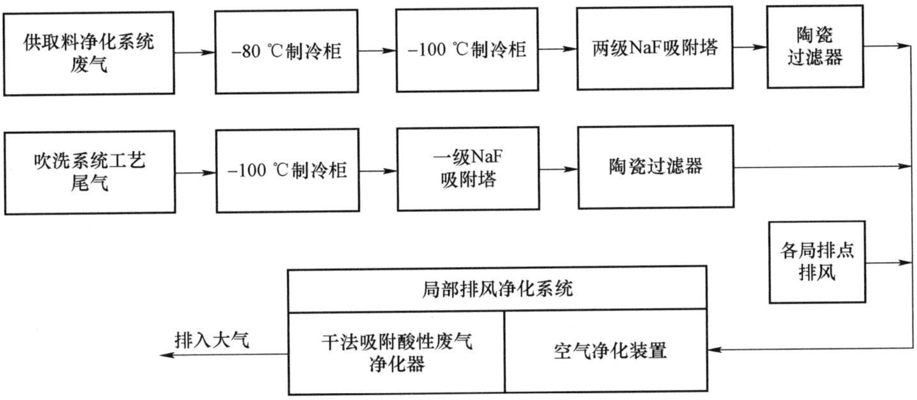

图 6-3　供取料厂房工艺尾气及局排风净化流程示意图

液化均质厂房废气主要有全面排风、局部排风，以及打压、吹洗、抽空、净化过程中中产生的工艺尾气。局排风系统（见图 6-4）设有空气净化装置（含初效过滤器、高效过滤器）及干法吸附酸性废气净化器。

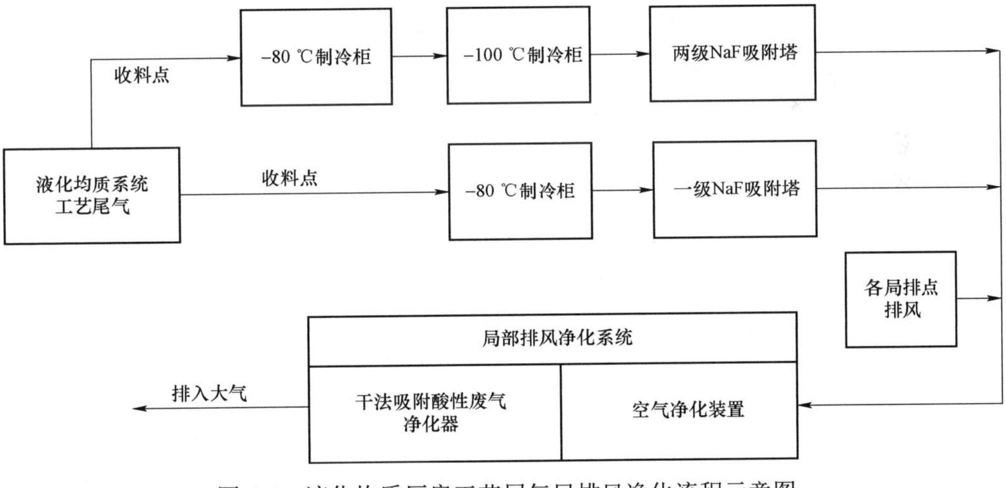

图 6-4　液化均质厂房工艺尾气局排风净化流程示意图

质谱分析间废气主要来源于同位素丰度质谱仪的真空泵所排尾气，尾气排入局排风系统，经空气净化装置（高效过滤器）净化后，通过局排风机排入大气。容器清洗厂房的局部排风经高效过滤器和酸雾净化塔净化后排入大气。

6.4.2　放射性废液

放射性液体废物主要是清洗放射性装料容器产生的废水、设备表面擦洗水以及各放射性操作厂房的擦地水、事故淋浴水、真空泵、补压机废润滑油，废润滑油收集后暂存在废物贮存库。

6.4.2.1 放射性废液处理、处置

放射性废液处理的基本原则是根据废液不同的放射性水平和化学成分采用不同的方法，如果不论其放射性水平的高低，一概进行处理、贮存，显然是行不通的，如果将高放废液与低放废液混合处理，就将加大净化设备的负荷并造成浪费。处理放射性废液的方法很多，为了达到良好的处理效果，往往需要将多种手段合理的配合使用。表 6-2 列出了几种放射性废液处理方法的优缺点，使用范围及净化参数。

表 6-2 几种放射性废液处理方法的比较

<table>
<tr><th>方法名称</th><th colspan="2">优点</th><th>缺点</th><th>适用范围</th><th>净化系数</th></tr>
<tr><td>蒸发</td><td colspan="2">对废液适应能力强，兼容效果好，净化系数高，灵活性大，安全可靠</td><td>设施费和运行费用高，消耗热量大</td><td>高、中放废液含盐量较多或成分复杂的废液</td><td>10^3～10^6</td></tr>
<tr><td>絮凝沉淀</td><td colspan="2">过程简单处理能力大，设施和运行费用低</td><td>净化系数低，产生大量泥浆需进一步处理</td><td>从低放废液中去除胶体、悬浮物质和某些溶解物质，对净化要求不高的弱放废液</td><td>4～100 不等（视加入的絮凝剂而定）</td></tr>
<tr><td>离子交换</td><td colspan="2">工艺成熟，净化系数高，能除去溶于水中的放射性离子</td><td>杂质的影响较大，废液一般要预处理，可能产生再生废液，废离子交换剂需当做固体废物处理</td><td>含盐量低的中、低放废液</td><td>100～500（经后处理）800～1 200（两级合成离子交换树脂床）</td></tr>
<tr><td rowspan="2">隔膜分离</td><td>电渗析</td><td>过程简单，占地少，投资少，易实现自动化</td><td>离子交换膜制作复杂，成本高，耐辐照性能差，检修较麻烦</td><td>含盐量 5 000 mg/L 以下，放射性浓度在（1.85～3.7）× 10^{11} Bq/L 以下的废液</td><td>10～100</td></tr>
<tr><td>反渗析</td><td>比电渗析处理费用还要低，设备简单，操作方便，占地少</td><td>发生堵塞时，清洗困难</td><td>含盐量 10 000 mg/L 时也可使用</td><td>10～100</td></tr>
</table>

6.4.2.2 离子交换法介绍

1. 概述

随着离子交换材料的不断发展，将离子交换法应用于高、中、低放废液的处理，都获得了很大成功。目前铀浓缩行业产生的放射性废液多数采用离子交换法处理，离子交换作用是通过离子交换剂来实现的，一般的离子交换剂是一种不溶性的固体物质，在其表面和内部均带有可交换的阳离子或阴离子，当离子交换剂与某种电解质溶液接触时，这些可交换离子能与溶液中具有同种电荷的其他离子进行等值交换。

2. 离子交换剂的分类

离子交换剂的种类很多，在放射性废液处理中，离子交换剂一般应满足下列要求：

（1）具有一定的化学稳定性，以便在酸性或碱性介质中使用；

（2）有一定的机械强度和耐磨性，以保证树脂能长时间使用；

（3）有足够的交换容量，这不仅可以提高离子交换过程的浓缩倍数，而且可以降低处理过程的费用；

（4）适宜的溶涨胀度，胀度小将限制可以交换离子的移动，影响离子交换反应的速率，溶胀度过大则导致交换剂的溶胶；

（5）稳定性好，稳定性差的树脂受热后离子交换基因易降解或脱落，使交换容量下降；

（6）良好的耐辐照稳定性，虽然离子交换法处理法处理放射性废液的浓度通常较低，但由于浓缩作用和长期使用，仍将使交换剂受到高剂量的照射，使交换机交换容量下降，含水量增加，机械稳定性下降等。

离子交换剂分为两大类，即无机离子交换剂和有机离子交换剂，每一类又根据其来源不同，有天然和人工合成之分。

人工合成的有机离子交换剂，称为离子交换树脂，它是一种高分子聚合物，离子交换树脂具有较好的物理化学稳定性，既不溶于水，也不溶于酸、碱容溶液，交换容量大，机械性能好，有良好的水力学性质，因而是离子交换剂中应用最为广泛的一种。离子交换树脂品种繁多，按照功能基团可分为阳离子交换树脂、阴离子交换树脂、氧化还原树脂，螯合树脂。

铀浓缩工厂废水处理采用离子交换法，主要用于处理生产运行过程中产生的含铀含氟废水，废水处理系统由吸附系统和钠盐沉淀系统组成（详见第三章含铀含氟废水处理），废水处理工艺流程图见图6-5。

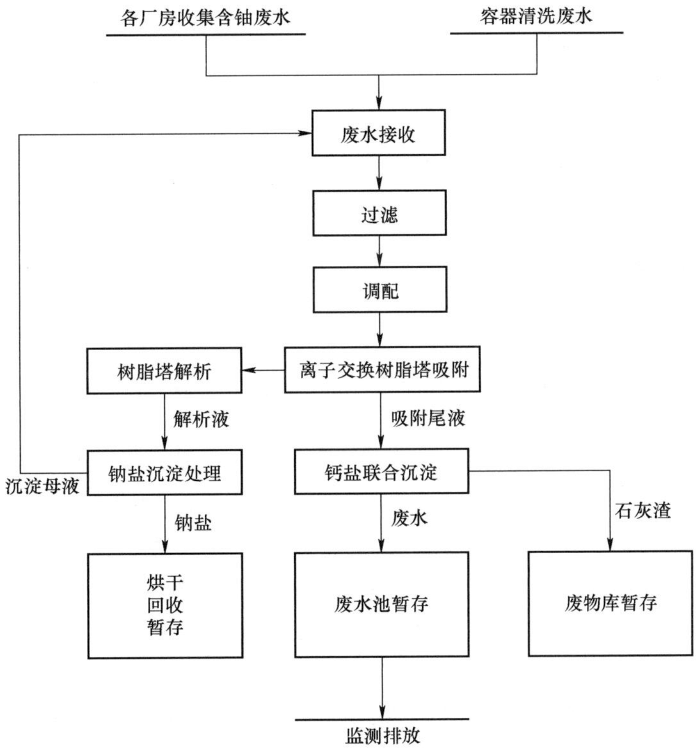

图6-5 放射性废水处理工艺流程图

6.4.2.3 放射性废液的贮存

所谓贮存就是在处理前或处理之后，为了以后进一步处理和处置而把放射性废液暂时存放于贮槽中或收容在设施里。酸性废液采用不锈钢贮槽贮存，碱性废液采用碳钢贮槽贮存。

贮存的作用如下：① 将各种放射性废液按其放射性活度和物理化学性质分类收集并贮存在贮槽中，起到混合均匀的作用，以便取样分析后再进行有针对性的处理。② 废液中一些短半衰期的放射性核素在经过一段时间贮存之后自然衰变，使废液放射性水平进一步降低；③ 有些废液的产生量是不均衡的，而废液处理系统的处理能力难以满足波动较大的废液量变化，贮槽起到缓冲和平衡废液量变化的作用。④ 放射性废液临时存放一段时间，使其放射性置于人工控制范围内，待以后有了妥善、经济的方法之后，再进一步处理，起到暂时贮存的作用。

6.4.2.4 放射性废液的排放

根据废液放射性活度的不同，排放的途径主要有两条，一是将符合排放标准的废液排入天然水体（江河湖海）中；二是将未经处理的低放废液排入地质结构中。

向水体排放符合排放标准的低放废液可选择向水体排放的途径，低放废液排入江河湖海等天然水体之后，借助大量水的稀释作用，可使废液中的放射性核素的浓度降低，饮用水的标准。向水体排放废液，虽然经济简便，但随着核工业的发展，需要排放的废液量逐年增大，如果没有严格的管理措施和排放标准，也有可能导致水源的放射性本地增加，进而造成环境污染。

为了确保排放废液不致影响人类和环境的安全，在向水体排放大量的放废液之前，需要解决如下三个问题：

（1）在周密调查和分析研究的基础上，做好排放系统工程装置的设计，保证排放的废液能迅速的、均匀的与天然水体混合而不会在排放管道中或排放口的淤泥中沉积；

（2）除了要严格控制排放废液中各种放射性核素的浓度标准之外，还要根据水体对放射性核素的受纳量来确定放射性物质的总排放量；

（3）要有相应的排放监测系统和监测计划，要严格遵从国家标准 GB 18871 中的有关规定。

6.4.3 放射性固体废物

放射性固体废物主要有棉织类废物、金属废物、废水处理工艺产生的石灰乳渣及过滤渣、橡胶类废物及废旧树脂等。棉织物类包括主工艺厂房擦洗设备及地面的抹布、拖布、沾污的工作服、手套、口罩等；金属废物包括报废的沾污设备、零部件、管道、阀门和仪表；过滤渣和石灰乳渣为废水处理过程中产生的含氟固体废物；橡胶类废物为主工艺厂房废弃的橡皮垫、塑料手套、胶鞋等；废旧树脂为捕集器、过滤器换下的吸附剂和离子吸附树脂；另外还有工艺尾气、局部排风净化系统的过滤器滤膜、滤芯等沾污固体废物。

6.4.3.1 放射性固体废物的预处理及中间贮存

在处理放射性固体废物之前要先进行预处理，预处理的方法包括分类、去污、切割等，放射性固体废物分类的原则是先把放射性废物与非放射性废物分开，然后根据废物中放射性核素半衰期的长短、污染的程度和废物的性质加以分类可燃与不可燃、可压缩与不可压缩等进行分类，应使用合适的废物包或容器收集废物，并做恰当的标记，表明用于包装何种类型废物。

固体废物中的多种超铀废物，包括工艺废物和混合固体废物，有必要对这类废物进行去污，由于 α 污染的固体废物的多样性，需要采用不同的技术行去污。对固体废物的去污，是把放射性核素从不希望存在的部位全部或部分除去，其目的有：① 降低放射性水平，减少操作人员受照剂量；② 降低屏蔽和远距离操作的要求，方便设备检修；③ 方便事故处理；④ 使废弃物和污染物场地可以再利用；⑤ 减少放射性废物的质量和体积；⑥ 降低废物贮存、运输、处置的费用和负担。

去污的方法有很多种，可分为机械物（物理）法、化学法、电化学法、熔炼法等。经过处理和整备的放射性固体废物应和未经整备的废物、非放射性原料以及维护用材料分开贮存。贮存场所应当加以规划，以便尽可能减少搬运和运输。

设计的贮存设施应当能够进行定期检查，包括发现实体性能下降或泄露等早期迹象的辐射监测和对废物包的目视检查。

6.4.3.2 放射性固体废物处置

放射性金属废物经清洗处理后不能再利用的暂存固定库房，集中送至专门金属熔炼处理中心；其他低放棉织物、树脂类、橡胶类等固体废物分类进行压缩减容后储存，送至专门低放废物处理点。

废水处理产生的石灰乳渣达到清洁解控要求的桶装存放，集中申请解控后作为工业垃圾处理，达不到清洁解控要求的存地下贮存库。

6.4.3.3 压缩减容法

压缩减容是借助压力机将废物压实，提高其整体密度来达到减容的目的，可压缩废物的种类很多，既包括一些不可燃废物，也包括一些可燃废物，如污染的劳保用品、废纸、拖布、玻璃器皿、工器具部件、电缆、废过滤器等。

压缩减容法的优点是设备简单，操作容易，易于实现自动化；投资少，运行费用低，几乎不产生二次废物。其缺点是不能减轻废物的重量，减容比小，未消除废物着火、热解发酵和腐烂的可能。

放射性废物的压缩机种类很多，有将废物装入桶内压缩的，也有将废物压缩之后再装桶的。按压力分低压（0.98～9.8 MPa）、中压（9.8～98 MPa）、高压（＞98 MPa）之分。压缩法所能获得的减容倍数，取决于废物的种类和所需施加的压力，一般来说，低压压缩的减容倍数为 3～6，高压压缩的减容倍数可达到 10 左右。如果能将废物进行分类、剪切等预处理，剪容效果会更好，纸、破布等易于压缩的废物，只需施加较低的压力，且剪容比较大。对金属部件，为了达到最大限度的减容，这需要施加较高的压力，才能达到较高的减容比。但是应该指出的是，压缩废物的密度并不与所施加的压力完全成正比关系，在一定的压力范围内，密度随压力的增加而明显增大，当密度增大到在一定值后，再提高压力，密度变化极小。

放射性废物的压缩减容与一般的压缩打包有所不同，在设计运行操作中应考虑如下问题：压缩减容不适用于处理易燃、易爆和易腐烂的废物，因此，在处理前应将这些废物分拣出来；大块坚硬的不可压缩废物会损坏压缩机，必须预先分拣出来；封存在原包装废物内的气体在压缩过程中释放出来，可能产生气溶胶污染，因而需要设置适当的气体净化系统；在压缩过程中吸附和附着在固体废物上的液体会释放出来，应采取适宜的方法加以收集，中放废物的压缩减容需要采取屏蔽措施和遥控操作；超铀废物要求在α气密室中进行压缩。

6.5　放射性废物最小化的意义

废物最少化是指废物量（体积和重量）和活度（废物中放射性核素含量）合理的达到最小。放射性废物对自然环境存在负面影响，同时处理放射性废物将耗费大量的资金，实现废物最少化，可以大大减少需要处置的废物量，从而带来良好的经济效益、社会效益和环境效益，废物最少化是放射性废物管理的基本原则之一，实现废物最少化的意义是十分明显的，归纳起来主要有三个方面：

（1）保护环境和人体健康有重要的环境效益和社会效益，有利于核事业的可持续发展；

（2）减少企业处理和处置废物的负担，有重要的经济效益；

（3）促进企业文明生产和管理水平的提高。

传统的废物管理是对已产生的废物进行处理和处置，通过实践，人们认识到废物管理应该从源头抓起，控制和减少废物的产生，使废物尽可能少，将废物的危害降到最低程度。废物最少化是整个废物管理水平提高和安全文化素质提高的结果，他始于核设施的设计和建造，终于核设施的的退役，涉及设计、建造、调试、运行、关闭和退役的全过程。废物最少化不仅是废物产生者的责任也是利益相关方的共同责任，废物最少化是一个系统的连续的过程。